Schrader-Motor-Chronik

Mercedes-Benz
Roadster und Cabriolets

1949 – 1989

Schrader-Motor-Chronik

Mercedes-Benz Roadster und Cabriolets

1949 – 1989

Eine Dokumentation von Halwart Schrader und Walter Zeichner

Schrader Verlag
spezial

Einbandgestaltung: Sven Rauert unter Verwendung
von Unterlagen aus den Archiven der Autoren.
Bildnachweis: DaimlerChrysler AG, DaimlerChrysler Classic

ISBN 3-613-87235-8

Ein Unternehmen der Paul Pietsch Verlage GmbH + Co
1. Auflage 2002

Druck: Maisch & Queck, 70839 Gerlingen
Bindung: K. Dieringer, 70839 Gerlingen
Printed in Germany

Inhalt

Vorwort

Es ist auffallend, daß zu einer Zeit, als die Vokabel »Oldtimer« noch nicht zum Umgangs-Sprachgut gehörte, die Motorpresse einem nagelneuen Mercedes-Benz Cabriolet jenen Liebhaber-Status zuerkannte, den man ihm später erst im nostalgischen Sinn zu geben pflegte. Mit anderen Worten: Ein Mercedes Cabrio galt zu allen Zeiten als etwas Besonderes, nicht erst, wenn es »in die Jahre« kam. Diesen Autos der Baujahre 1949 bis 1989 ist der vorliegende Band der Reihe Schrader-Motor-Chronik gewidmet; die Kataloge und Prospekte in Faksimile-Widergabe reflektieren deutlich die Eleganz und die Qualität der Fahrzeuge, ihre Gediegenheit und die Liebe, mit der sie gebaut wurden. Ohne überschwengliche Euphorie, mehr nüchtern und sachlich informierte Daimler-Benz seine Kunden über ihre Erzeugnisse, und so aufregend die Fahrzeuge, um die es hier geht, auch immer waren, so »cool« bieten sie sich dem Betrachter auf diesen Seiten dar.

Aber nicht nur der Zeitgeist oder der Stil der seinerzeit beauftragten Graphiker und Werbeagenturen soll mit der Abbildung der Dokumente zum Ausdruck kommen. Der Mercedes-Liebhaber wird »seinen« ganz speziellen Wagen wiedererkennen, von dem er einst geträumt hat, den er gar selbst einmal besaß – oder den er als wertvollen Klassiker einer Restaurierung zu unterziehen beabsichtigt. Bewußt sind einige Werbemittel in englischer Sprache berücksichtigt worden; schließlich wurden Mercedes-Benz Cabriolets in erheblichem Maße exportiert. Für hilfreiche Untersützung bedanke ich mich bei Herrn Heribert Hofner, vor allem aber auch bei der Daimler-Benz AG, die uns ein weiteresmal gestattete, historisches Werbematerial aus ihrem Hause publizieren zu dürfen.

Halwart Schrader
Herausgeber

Mercedes-Benz-Cabriolets haben eine lange Tradition. Sie verkörpern Rasse, Eleganz und einen hohen technischen Reifegrad. In beinahe jeder Baureihe gab es Cabriolet-Versionen, und sie fanden stets begeisterte Aufnahme bei anspruchsvollen und markentreuen Klienten.
Als der Mercedes-Benz 170 V — werksintern W 136 genannt — 1947/48 wieder aufgelegt wurde, entsprach er bis auf wenige Details dem Vorkriegsmodell gleicher Typenbezeichnung. Zunächst wurden nur viertürige Limousinen gebaut, daneben einige Polizei- und Ambulanzwagen sowie Kombis. Im November 1949 wurde dann wieder das erste 170er Cabriolet ausgeliefert.
Dieses Fahrzeug war aber kein Modell der V-Serie, sondern ein 170 S (W 136/IV). Zwar basierte dieses Auto auf dem klassischen 170, verriet aber schon durch seine sehr viel fülligere Karosserie, daß es sich um eine Neukonstruktion handelte. Prototypen waren bereits 1941 gebaut worden, seinerzeit als 230 mit sechs Zylindern. Besonders attraktiv — zugleich traditionell-konservativ — gab sich das Auto als zweitüriges, viersitziges Cabriolet B. Auf dem Pariser Automobilsalon 1949 hatte dieser Wagen sein Debüt gegeben.
Der von 1667 auf 1767 ccm vergrößerte Vierzylindermotor leistete 52 PS, hatte einen neuen Solex-Fallstromvergaser und sorgte für eine Reisegeschwindigkeit von 120 km/h.
Das Mercedes-Benz 170 S Cabriolet A entsprach in seiner Linienführung ebenfalls bester Vorkriegs-Tradition. Noch gab es die beliebten Sturmstangen (Verdeck-Spannbügel) und — wie auch bei späteren Cabriolets — natürlich echte Lederpolster.
Der 170 S wurde von November 1949 bis November 1951 in 2433 Exemplaren als Cabriolet A und B gebaut. Im Juli 1951 bekam er einen Rivalen aus eigenem Hause, den 220. Ihn baute man als Cabriolet bis August 1955 in einer Zahl von insgesamt 2360 Exemplaren. Stilistisch entsprach der Sechszylinder ganz und gar dem Vierzylinder, nur die in die Kotflügel einbezogenen Frontscheinwerfer verliehen dem Wagen ein ganz anderes Gesicht. Die Entwicklung ging zur Ponton-Fassade ...
Der 220er alias W 187 wies die beiden waagerechten Zierleisten zu beiden Seiten der Motorhaube wie beim 170 S auf und hatte auch noch die hinten angeschlagenen, nach vorn öffnenden Türen. Wie beim 170er, gab es vom 220er auch ein elegantes A-Cabriolet. Hinter den Vordersitzen befand sich ein Not- bzw. Kindersitz in Form einer schmalen Bank. Nutzte man sie zur Unterbringung von Gepäck, konnte man die Zahl der mitzuführenden Koffer glatt verdoppeln. Das Reserverad lag flach im Wagenboden.
Während das B-Cabriolet bis Mai 1954 hergestellt wurde, war das A-Cabriolet noch über ein Jahr länger lieferbar, nämlich bis August 1955. Mit einem Preis von 18860 Mark war es vergleichsweise teuer; das B-Modell kostete 3700 Mark weniger.
Deutschlands große Repräsentations-Limousine gab es natürlich ebenfalls in einer Variolet-Ausgabe. Der im April 1951 erstmals gezeigte Mercedes-Benz 300 teilte sich mit den Modellen 170 und 220 die Basis-Konstruktion, war aber in den Dimensionen natürlich größer und in der technischen Ausstattung raffinierter. Die Cabriolet-Version entsprach der Typenversion D: viertürig, mit drei Fenstern je Seite. Dieses Auto kostete 23700 Mark, das waren 3800 Mark mehr als die normale, viertürige Limousine.
Der Dreihunderter wurde bis zum März 1962 hergestellt und erlebte eine Reihe von konstruktiven und auch stilistischen Überarbeitungen. Von allen Modellen gab es jeweils eine Cabriolet- D-Version. Besonders reizvoll war der von 1955 bis 1957 gebaute 300 c mit der neuen Eingelenk-Pendelachse und — auf Wunsch — Getriebe-

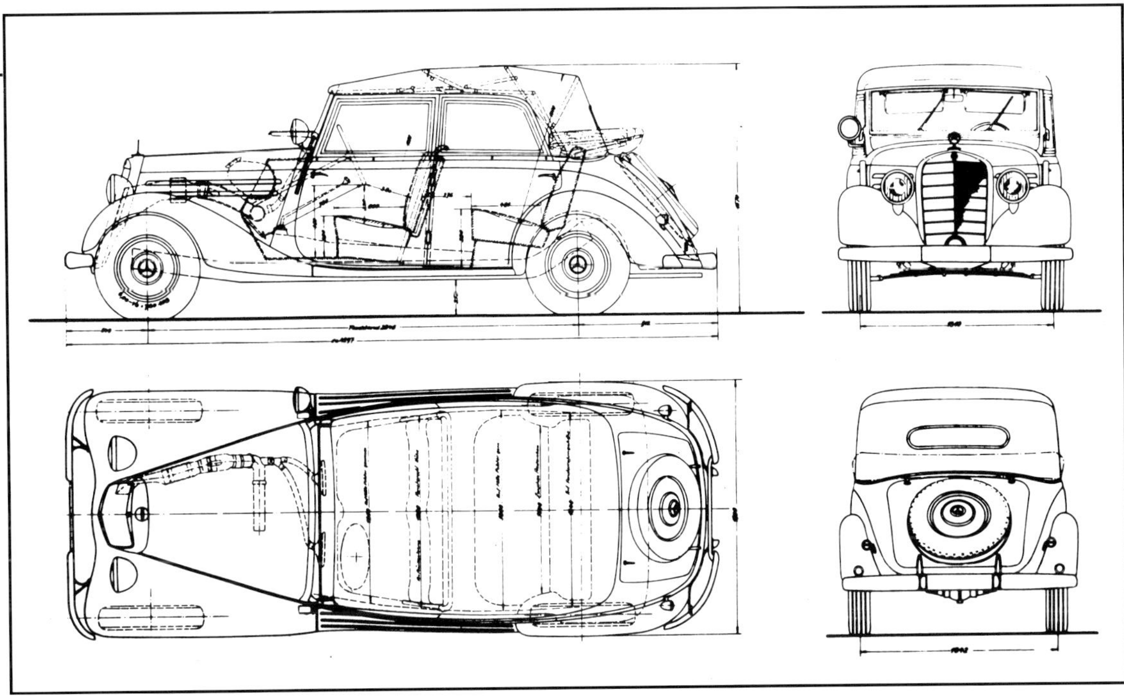

Kein Cabrio im klassischen Sinne, aber ein offener 170 aus früher Zeit: Ein 170 OTP in Polizei-Ausführung von 1949.

automatik. Von den 1483 Wagen wurden nicht mehr als 51 mit Cabriolet-Aufbau versehen, Repräsentationsfahrzeuge von distinguierter Souveränität ...
Der 300 d schließlich (W 189), das letzte Modell dieser Reihe, wies nicht mehr die Rundlichkeit seiner Vorgänger auf, vor allem im Heckbereich, hatte einen größeren Kofferraum und mit den Rahmen versenkbare Seitenscheiben im Stil amerikanischer Hardtops. Der Einspritzmotor des 300 d leistete 160 PS, gut für 170 km/h. Ab März 1958 erhielt man das große und schwere Fahrzeug mit Servolenkung.
Die Limousine kostete 27000, das D-Cabriolet 30800 Mark. Von letzterem blieb die Stückzahl wiederum gering, sie betrug genau 65. Als letzter großer Klassiker der Marke-Daimler-Benz mit konventionellem Chassis wurde der 300 d bis zum März 1962 gebaut — parallel zu Fahrzeugen in selbsttragender Bauweise, deren Ära längst begonnen hatte.
Einen Dreihunderter erhielt man in der Zeit von Juli 1952 bis April 1958 aber auch als Zweitürer. Das war der zeitlos schöne 300 S, mit der gleichen 2996-ccm-Maschine, bestückt wie die anderen 3-Liter-Wagen. In der Vergaser-Version 150 PS, als Einspritzer-Modell Sc (ab September 1955) 175 PS stark, war dieses 2 + 2- sitzige Fahrzeug eine wahrhaft aristrokatische Erscheinung. Seine Karosserieform entsprach ganz dem ästhetischen Ideal der dreißiger Jahre, die Verarbeitung suchte ihresgleichen. Das mit Sturmstangen bestückte Cabriolet und der mit einem leichteren Verdeck (voll versenkbar) ausgestattete Roadster brillierten mit Höchstgeschwindigkeiten um 175 km/h — damit ließen sie jeden Porsche stehen.

Den 560 Exemplaren der S-Version folgten 200 der Sc-Variante mit Einspritzmotor. Beide gehören heute zu den gesuchtesten Liebhaberfahrzeugen im Zeichen des Mercedes-Sterns.
Selbstverständlich darf man den 300 SL nicht ausklammern, wenn vom Dreihunderter die Rede ist. Dieser wohl legendärste aller europäischen Sportwagen der fünfziger Jahre hatte im Herbst 1954 sein Debüt gegeben, als Leichtbau-Coupé mit Flügeltüren, entwickelt aus einem puren Wettbewerbs-Fahrzeug. Fast atemberaubend waren die Beschleunigungswerte des 300 SL: Von Null auf 100 km/h war man in weniger als 10 Sekunden, auf 140 in 13 Sekunden. Der zweite Gang reichte bis 125 km/h, der dritte bis 185. Spitze: etwa 250 km/h, je nach Hinterachs-Übersetzung.
Doch das Traumcoupé war dennoch nicht jedermanns Sache. So gab es den 300 SL von 1957 bis 1963 in einer Roadster-Ausführung für jene, deren Ambitionen dem offenen Fahren galten. Der Roadster löste den Flügeltürer ab, wies aber wie jener den Gitterrohrrahmen — wenn auch modifiziert — sowie den 215 PS starken Einspritzmotor (sechs Zylinder, 2996 ccm) auf. Der Roadster, für den es auch ein aufsetzbares Hardtop gab, kostete 32500 Mark. Ab März 1961 wies der 300 SL Scheibenbremsen an den Vorder- und Hinterrädern auf. Als im Februar 1963 der letzte 300 SL Roadster vom Band lief — es war der 1858. insgesamt — und auch kein Nachfolgemodell vergleichbarer Konzeption in Aussicht war, wurde dies von vielen Sportwagen-Enthusiasten mit großem Bedauern zur Kenntnis genommen. Die Besitzer eines 300 SL waren sich bald darüber im Klaren, daß ihre Fahrzeuge Wertobjekte darstellten, die ein Stück Automobilgeschichte verkörperten wie kaum ein anderer Sportwagen jener Epoche. Wie es Hans-Ulrich Wieselmann, seinerzeit Chefredakteur bei der Zeitschrift auto, motor und sport, vorausgesehen hatte, wurde der 300 SL zu einer Legende ...

Längst hatte der 300 SL indessen einen kleinen Bruder erhalten, einen wesentlich stärker in Seriennähe konzipierten Sportzweisitzer auf Basis des Mercedes-Benz 180. Das war der 190 SL (W 121 II), gebaut von 1955 bis 1963. Wie der 300 SL, war auch dieses Fahrzeug zunächst für den amerikanischen Markt gedacht. Gleichwohl fanden sich zahlreiche Liebhaber dieses Autos auch diesseits des Atlantiks. Die Gesamt-Produktionszahl des 190 SL betrug nicht weniger als 25881 Exemplare!
Ein Sportwagen im Wettbewerbssinne war der 190 SL nicht, sollte es auch nicht sein. Aber als ein durchaus sportlicher Alltags-2+2 mit stilistischen Anleihen vom 300 SL, mit einer Spitze von 175 km/h und dem technischen Standard der zeitgenössischen Serienwagen enttäuschte dieses Automobil seine Besitzer nicht. Als offener Wagen kostete der 190 SL 16500 Mark, wenn man ihn mit Faltverdeck und Hardtop bestellte, 17650 Mark. Bodengruppe und Vorderradaufhängung entsprachen denen des in Potonbauweise konstruierten Mercedes-Benz 180: Karosserie und Rahmenboden waren mit einander verschweißt. Um Gewicht zu sparen, waren Motorhaube, Kofferdeckel und die Türen aus Leichtmetall.
Das in konventioneller Bauform gehaltene 220er Cabriolet war, als man es 1955 von den Bändern genommen hatte, zunächst ohne Nachfolger geblieben. Erst im Juli 1956 gab es wieder einen großen Viersitzer in offener Bauweise, jetzt ebenfalls in selbsttragender Konstruktion und auf dem Serien-Sechszylinder basierend — den 220 S alias W 180/II. In Handarbeit entstanden zunächst 300 Wagen, denn man nahm an, daß die Nachfrage gering bleiben würde. Doch fand auch dieser Mercedes ein begeistertes Publikum, eine richtige Serie kam in Gang. Der Sechszylindermotor war die 100-PS-Version (2195 ccm) des W 180/I, den auch die Limousine 220 S unter der Haube hatte. Der Wagen war 165 km/h schnell; das Verdeck war voll versenkbar, so daß man

bei heruntergekurbelten Seitenscheiben das volle Frischlufterlebnis genießen konnte. Traditionsgemäß figurierte dieses Auto als Cabriolet A. Ab Oktober 1956 erhielt man den 220 S auch als Coupé mit festem Dachaufsatz, ab Oktober 1958 mit Einspritzmotor. Diese Fahrzeuge trugen die Bezeichnung 220 SE. Ein Jahr später endete die Produktion der S-Reihe nach 3429 gebauten Exemplaren; SE-Coupé und Cabriolet gab es bis November 1960; in den letzten zwölf Monaten wiesen ihre Motoren eine auf 120 PS angehobene Motorleistung auf. 1942 Exemplare mit Kraftstoff-Einspritzung waren hergestellt worden.
Vom Februar 1961 bis zum Jahresende 1967 gab es in Gestalt des 220 SEb ein Cabriolet — und auch ein Coupé — mit besonders reizvoller Note. Schon Ende 1957 waren die ersten Zeichnungen hierzu entstanden; verantwortlich für das Design waren Kurt Wilfert und Paul Bracq. Zunächst hatte dieses Auto den Sechszylindermotor des W 180 (2195 ccm, 120 PS); in dieser Ausführung erlebte das Publikum des Genfer Salons im März 1961 die Präsentation. Der ausgezeichnet verarbeitete Wagen kostete als 170 km/h schnelles Cabriolet 25500 Mark. Bis zum Oktober 1965 waren von beiden Versionen 16902 Einheiten gebaut und verkauft worden.
Ab Februar 1962 bot Daimler-Benz diese rassigen Fahrzeuge auch mit Dreiliter-Leichtmetallmotor an. Die hochwertige Technik des 300 SE (W 112/3) ergab mit dem offenen Aufbau ein Automobil der Superlative — luxuriös, schnell, gediegen. Scheibenbremsen an allen Rädern, Luftfederung, Servolenkung und serienmäßig vorhandenes Sperrdifferential waren die technischen Besonderheiten. Das Cabriolet, gebaut bis Dezember 1967, erreichte eine Stückzahl von 1200; 1927 Wagen verließen das Werk als Coupé. Mit 34750 Mark (einschließlich Getriebe-Automatik) war das Cabriolet eines der teuersten Fahrzeuge dieser Kategorie.
Vom Herbst 1965 an erhielten die Cabriolets und Coupés der Modellreihe W 112/3 den neuen Einspritzmotor der Limousine vom Typ 250, so wurde aus dem offenen Wagen das 250 SE Cabriolet (W 111 III). Mit 26350 Mark nahm sich der Preis für dieses Auto vergleichsweise bescheiden aus. Ab Februar 1968 stockte man den Hubraum von 2496 auf 2778 ccm auf, die Leistung stieg von 150 auf 160 PS. Dieses 280 SE Cabriolet (auch Coupé) Typ W 111 E 28 kostete zunächst knapp unter 26000, gegen Ende der Bauzeit 1971 dann 32850 Mark. Man darf auch diesen Wagen heute zu den seltenen Sechszylinder-Klassikern der Mercedes-Nachkriegsjahre zählen.

Als Krönung dieser Baureihe erschien der W 111 als 280 3.5 im November 1969 mit V 8-Motor. Zugleich erfuhr die klassische Coupé/Cabriolet-Karosserie einige signifikante Veränderungen — vor allem an der Frontpartie. Den Kühler hatte man um zehn Zentimeter breiter und sieben Zentimeter niedriger gehalten (was auch den Sechszylindern vom Typ 280 SE ab November 1969 zugute kam). Der 200-PS-ohc-Einspritzmotor mit 3499 ccm Hubraum war elastisch und langlebig; er beschleunigte das Cabrio auf eine Spitze von 210 km/h. In den USA erhielt man den 280 SE 3.5 serienmäßig mit Automatikgetriebe, elektrischen Fensterhebern und Klimaanlage.

Der ganz auf Komfort ausgelegte Wagen erlebte als Cabriolet eine Auflage von 1232 Exemplaren; vom Coupé wurden zweieinhalbmal so viele gebaut. Damit ist die Seltenheit des offenen V 8 der des legendären Flügeltürers vergleichbar, und auf dem Liebhabermarkt werden für dieses feine Automobil auch schon beachtliche Preise geboten, weit über jene 34000 Mark, die der 280 SE 3.5 zuletzt ab Werk gekostet hatte.

Mercedes-Benz 170 S

Anschließend an die Vorkriegs-Baureihe des 170er mit seinem Vierzylinder-Reihenmotor und einer fortschrittlichen Rahmenkonstruktion, kam 1947 der 170 V in kaum veränderter Neuauflage heraus; im Frühjahr 1950 folgte ihm der 170 Va. Als „Sonderklasse“ war im Mai 1949 der 170 S vorgestellt worden, ebenfalls auf einer Konzeption beruhend, die 1940/41 entstanden war.Der von 1697 auf 1767 ccm vergrößerte Motor leistete 52 PS bei 4000 U/min und garantierte ein Dauertempo von über 120 km/h. Das Cabriolet B kostete 12.850 Mark, die A-Version 15.800 Mark.

Ein 1949 veröffentlichter Prospekt, sehr aufwendig gestaltet und vierfarbig gedruckt. Plakativ bildet er alle Modelle der neuen S-Klasse ab, auch die Cabriolets (gegenüberliegende Seite). Die Illustrationen stammen von dem bekannten Künstler Walter Gotschke.

... UND IN DER LINIE EIN ECHTER MERCEDES-BENZ ...

CABRIOLET „A“

CABRIOLET „B“

Geradezu als rassig kann man die Darstellungen Gotschkes bezeichnen. In nur leichter Überzeichnung stellte er die Fahrzeuge gekonnt dar — der Betrachter möchte sich hineinsetzen und losfahren...

Die Abbildungen auf dieser Seite entstammen dem gleichen Katalog von 1950, der ausschließlich das Cabriolet A zum Inhalt hat. Den Koffersatz (unten links und rechts) gab es seit jeher als Sonderzubehör.

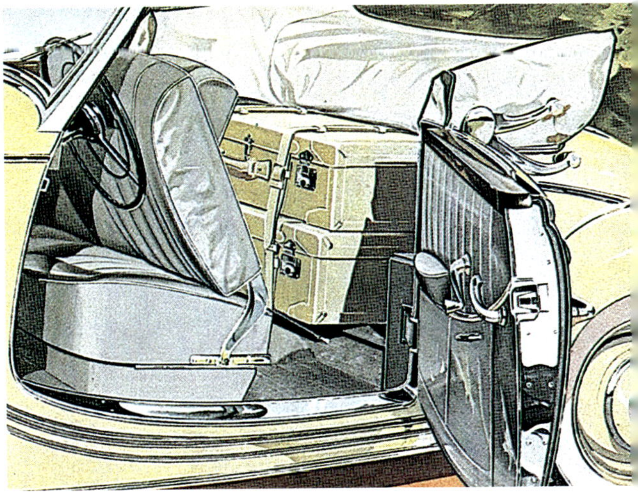

RAHMEN FÜR VORNEHME REPRÄSENTATION

Vor den Hotelpalästen der mondänen Kurorte, an den Brennpunkten großstädtischen Gesellschaftslebens — überall, wo Menschen von Format sich treffen und die Spitzenerzeugnisse internationaler Automobilbaukunst paradieren, wird dies formvollendete Zweisitzer-Cabriolet berechtigtes Aufsehen erregen. Mit seiner glücklichen Synthese neuzeitlich-flüssiger Linienführung und vornehm-zurückhaltender Eleganz ist es schon im Anrollen der Ausdruck einer selbstbewußten und geschmacksicheren Persönlichkeit.

Das schwarze A-Cabriolet — ein Fahrzeug besonderer Eleganz. Der Text ist zielbewußt auf das Prestigebedürfnis gerichtet...

Rechts: Der Mercedes-Benz 170 S war nicht nur ein ästhetisch gelungenes Fahrzeug, sondern auch in technischer Hinsicht ein Spitzenautomobil mit kräftigem Ovalrohrrahmen, Schraubenfederung vorn und hinten, Synchrongetriebe und Zentralschmierung.

1950

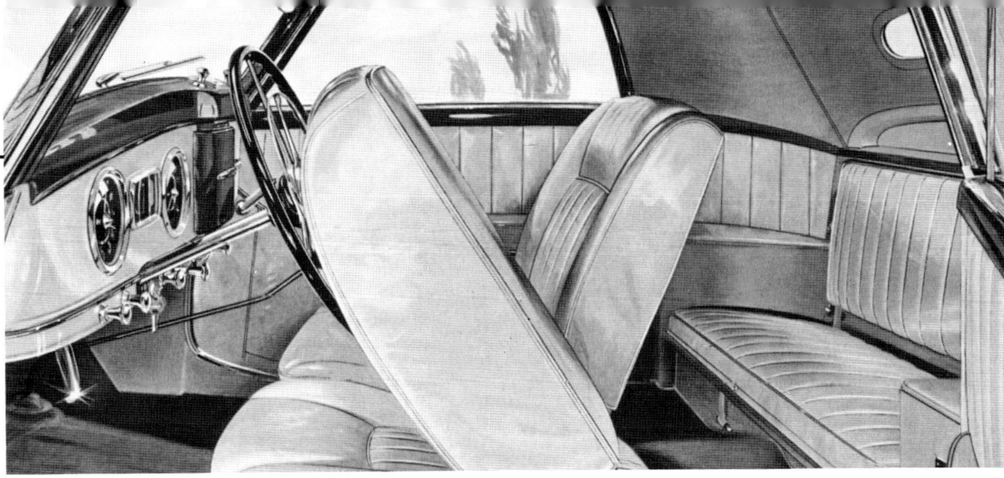

UM DAS FAHRGESTELL

Geheimnis" der überragenden Fahr- und Federungs-
chaften beim „Typ 170 S" steckt in der Konstruk-
es Fahrgestells, der die Erfahrungen mit den welt-
nten Mercedes-Benz-Rennwagen zugrunde liegen.
ier Laufräder sind einzeln durch weiche, eigen-
gsfreie Schraubenfedern abgefangen, unterstützt
neuentwickelte hydraulische Teleskop-Stoßdämpfer.

Dank Lagerung in Gummi besitzt die Radaufhängung auch eine gewisse Nachgiebigkeit in horizontaler Richtung, wodurch Stöße von vorn und von der Seite viel weicher abgefangen werden, als das mit den bisherigen Methoden möglich war. In Verbindung mit den beim „Typ 170 S" erstmals verwendeten Spezial-Niederdruckreifen von besonders großem Luftvolumen wird so eine nahezu vollkommene Nivellierung der Straßenoberfläche unter dem dahinrollenden Wagen erreicht. — Als Rückgrat des ganzen Fahrgestells dient ein sehr leichter, trotzdem außerordentlich stabiler und verwindungssteifer x-förmiger Rahmen aus ovalen Stahlrohren. Die leichtgängige rückstoßfreie Lenkung mit lebendigem Straßenkontakt und die weich, aber doch kräftig greifenden Öldruckbremsen gewährleisten sichere Beherrschung des Wagens bei allen Geschwindigkeiten. Das vollsynchronisierte Vierganggetriebe läßt sich spielend herauf- und herunterschalten. Sehr wichtig für bequemen Unterhalt und lange Lebensdauer

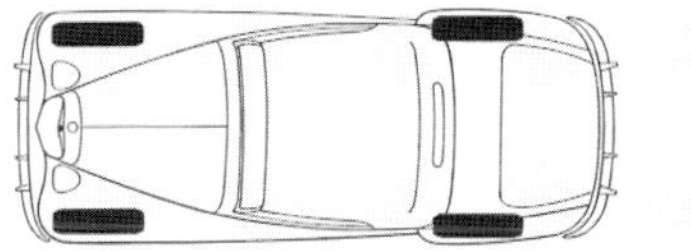

ist die bewährte Ein-Druck-Zentralschmierung, die Lager, Bolzen und Gelenke durch einen bloßen Fußdruck zuverlässig mit der richtigen Schmierstoffmenge versorgt. . . .

Hier wirkt der 170 S länger, breiter und niedriger als er in Wirklichkeit war. Insgesamt teilt er sich die Proportionen mit dem Cabriolet A des Typs 230 der Vorkriegszeit. Die Weißwandreifen stehen dem Auto gut.

Rechts: Auf der linken Straßenseite über den Fahrbahnrand: In der Illustration wirkt die dargestellte Situation mitreißend abenteuerlich. In der Realität würde man die Fahrweise des Chauffeurs zumindest als rücksichtslos bezeichnen...

TECHNISCHE DATEN

Zahl der Zylinder	4
Bohrung	75 mm
Hub	100 mm
Hubraum effektiv	1767 ccm
Bremsleistung	52 PS
Verdichtung für handelsübliches Benzin	1 : 6.5
Zündfolge	1. 3. 4. 2.
Radstand	2845 mm
Spurweite vorn	1315 mm
Spurweite hinten	1420 mm
Gesamtlänge	4510 mm
Größte Breite mit Karosserie	1684 mm
Größte Höhe mit Karosserie unbelastet	1560 mm
Bodenfreiheit	185 mm
Gewicht des Fahrgestells (nach DIN 700 20)	etwa 800 kg
Gewicht des kompletten Wagens (fahrfertig)	etwa 1270 kg
Gesamtuntersetzung im 4. Gang	1 : 4,375
Bereifung (Weichreifen)	6,40—15
Wendekreisdurchmesser	11 m
Höchstgeschwindigkeit, gestoppt (bei Verwendung eines Kraftstoffs mit der Klopffestigkeit O.Z. 70 nach Motor-Methode)	120 km/std.
Kraftstoff-Normverbrauch*	9,7 l
Ölverbrauch für 100 km	etwa 0,10 l
Tankinhalt	47 l
davon Reserve	3—3,5 l
Bergsteigefähigkeit im 1. Gang	37,5 %
Bergsteigefähigkeit im 2. Gang	18 %
Bergsteigefähigkeit im 3. Gang	10 %
Bergsteigefähigkeit im 4. Gang	6,5 %
Höchstgeschwindigkeit im 1. Gang	33 km/std.
Höchstgeschwindigkeit im 2. Gang	58 km/std.
Höchstgeschwindigkeit im 3. Gang	93 km/std.
Höchstgeschwindigkeit im 4. Gang	120 km/std.
Batteriekapazität	75 Amp/std. / 6 Volt
Inhalt des Kühlsystems	10,0 l mit Heizung
Ölfüllung des Kurbelgehäuses	4 l

* Unter Kraftstoff-Normverbrauch versteht man die Menge Kraftstoff, die bei 2/3 der Höchstgeschwindigkeit in gleichmäßiger Fahrt (auf einer Strecke von 50 km ebener Autobahn in unmittelbar aufeinanderfolgender Hin- und Rückfahrt bei einer dem höchst zulässigen Gewicht entsprechenden Belastung gemessen und für die Einheitsstrecke von 100 km umgerechnet) verbraucht wird, wobei zu dem tatsächlichen Verbrauch als Ausgleich ungünstiger Umstände 10 % zugeschlagen werden.

Auch im Detail war der 170 S perfekt, wie man es von einem Mercedes-Benz erwartete. Die Farbzeichnungen geben alle Einzelheiten sehr gut wieder.

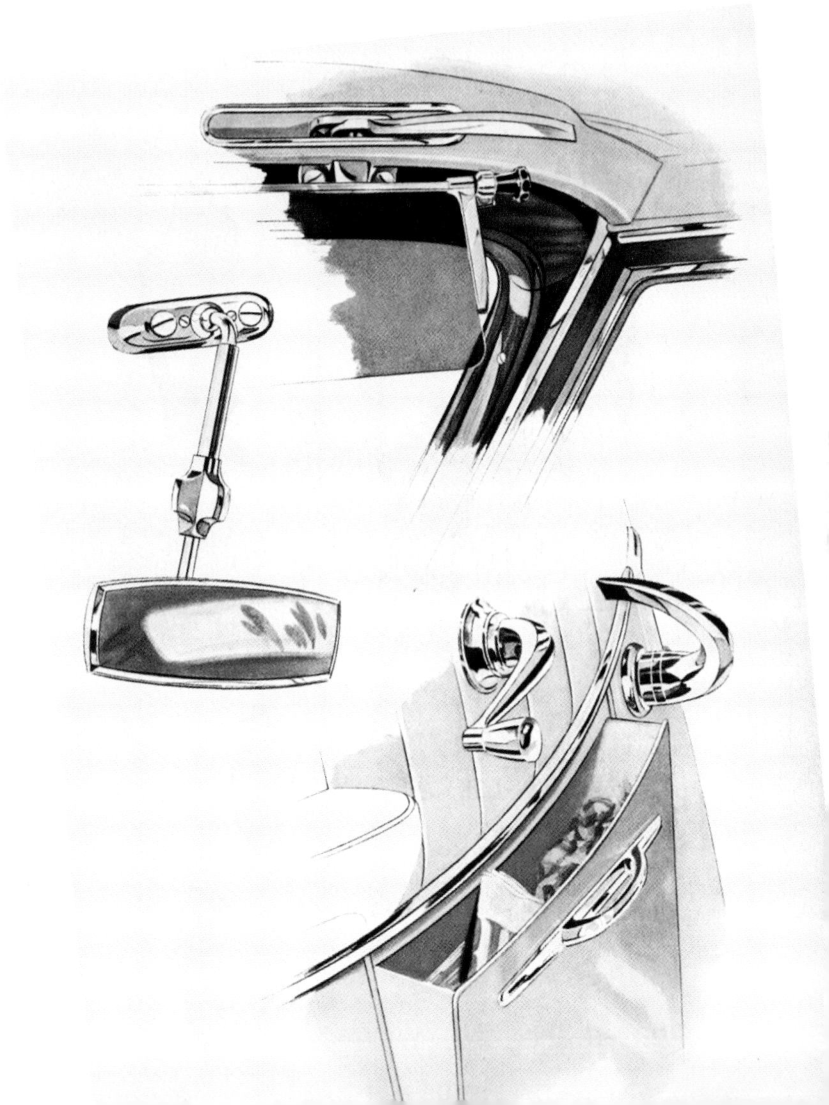

Es muß nicht immer ein Vollcabrio sein! Dieser Prospekt des 170 S-V von 1953 macht auf die Annehmlichkeiten eines Faltschiebedachs aufmerksam.

Auch den Mercedes-Benz S-D, gebaut von 1953 bis 1955, gab es nicht als Cabriolet, gleichwohl bot auch hier die Schiebedach-Version eine gute Alternative.

Mercedes-Benz 220

Der Sechszylinder mit 2,2 Liter Hubraum gab auf der Frankfurter Automobilausstellung im April 1951 sein Debüt. Er war auf der gleichen konstruktiven Basis wie der 170 entstanden und wies auch die gleichen stilistischen Merkmale auf. Nur saßen die Scheinwerfer in den Kotflügeln. Der ohc-Motor leistete 80 PS bei 4850 Touren. Vom Cabrio (und Coupé) wurden 2360 Stück gebaut.

Faltprospekt in Farbe für den Mercedes-Benz 170 und 220 in englischer Sprache. Er wurde im Herbst 1952 gedruckt und enthielt eine besonders ausführliche Beschreibung des Cabriolets B (rechts).

Type 220 Convertible "B"

In addition to the more sporty Convertible "A" the Daimler-Benz factory have built a four to five seater Convertible "B". This car combines in ideal fashion the spaciousness of the sedan and the pleasures of driving an open ear. The large doors make it easy to get in and out and the wide leather upholstered seats — those at the back are fitted with arm rests — support the body in a relaxing position. The road holding qualities of the "Type 220" are exceptionally good — especially on corners. This thoroughbred car seems to hug the ground, even when driven at high speed and on a bad road surface, and not the slightest road shock can be felt at the steering wheel. All Mercedes-Benz models have the very practical horn ring fitted on the steering wheel. This makes it possible to operate both the horn and the trafficators without taking your hand from the steering wheel. The engine block and the transmission are completely mounted on rubber bearings, so that the inside of the car is insulated against engine noise and vibration. In fact, the only noise that can be heard when driving is that of the air rushing by.

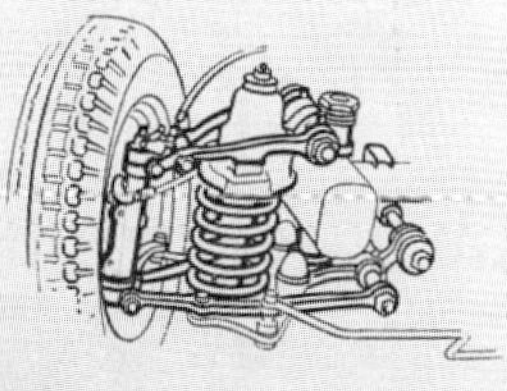

The wheel suspension that has proved successful on our racing models has been adapted for use in the Type 220. All four wheels have independent suspension. This means that any road shocks are borne by each wheel independently and absorbed by the coil springs in conjunction with the double acting shock

Type 220 Convertible "A"

With this car beneath you, you could tackle the world! How delightful to taste the beauties of nature with the hood open, drinking in the fresh air and basking in the sun, and to enjoy it all at first hand! Lightning acceleration — ability to take a mountain pass in its stride — phenomenal speed on a good road — these are the qualities of the Mercedes-Benz Type 220. The 80 h.p. engine gives the car a maximum speed of approx. 90 m.p.h. By means of a thermostatically controlled oil-water heat exchanger the engine is kept at the most favourable working temperature at all times. The fully synchronised four speed transmission has a very handy steering column gear change. The road holding qualities are unrivalled — the suspension provides complete driving comfort. There is a pressure air-conditioning plant with de-misting jets for the windscreen and front side windows. The elegant all-steel coachwork reveals the excellent quality of Sindelfinger workmanship. The hood can be opened and closed with equal facility. Leather upholstery and paintwork are carried out in tastefully matching colours. This car is therefore the very essence of sporting elegance.

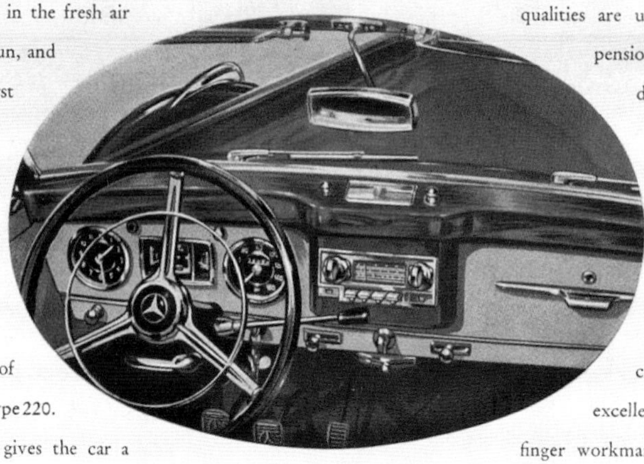

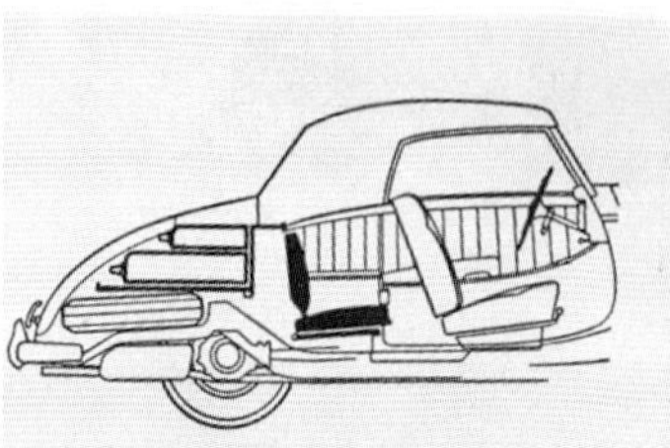

Darstellung des Mercedes-Benz Cabriolet A in dem umseitig beschriebenen Prospekt. Auf die Darstellung eines Rechtslenkers hatte man verzichtet.

CABRIOLET „A“

CABRIOLET „B“

TECHNISCHE DATEN

Größte Breite mit Karosserie	1685 mm
Größte Höhe mit Karosserie (unbelastet)	1610 mm
Bodenfreiheit	165 mm
Gewicht des Fahrgestells (nach DIN 70020)	920 kg
Gewicht des kompletten Wagens (fahrfertig)	1325 kg
Hinterachse mit Hypoidverzahnung	
Getriebe, alle 4 Gänge zwangssynchronisiert	
Gesamtuntersetzung im 4. Gang	1 : 4,44
Bereifung (Weichreifen)	6,40-15
Wendekreisdurchmesser	ca. 11 m

* Die angegebene Leistung ist an der Kupplung effektiv verfügbar.

** Unter Kraftstoffnormverbrauch versteht man die Menge Kraftstoff, die bei $^2/_3$ der Höchstgeschwindigkeit max. 80 km/std in gleichmäßiger Fahrt (auf einer Strecke von 50 km ebener Autobahn in unmittelbar aufeinanderfolgender Hin- und Rückfahrt bei einer dem höchstzulässigen Gewicht entsprechenden Belastung gemessen und für die Einheitsstrecke von 100 km umgerechnet) verbraucht wird, wobei zu dem tatsächlichen Verbrauch als Ausgleich ungünstiger Umstände 10% zugeschlagen wurden.

Höchstgeschwindigkeit, gestoppt (II. Normalausf.)	ca. 140 km/std
(bei Verwendung eines Kraftstoffs mit der Klopffestigkeit O. Z. 70 nach Motor-Methode)	
Kraftstoff-Normverbrauch**	10,9 l
Tankinhalt	65 l
davon Reserve	ca. 5 l
Bergsteigefähigkeit im 1. Gang	36%
Bergsteigefähigkeit im 2. Gang	24%
Bergsteigefähigkeit im 3. Gang	15%
Bergsteigefähigkeit im 4. Gang	9%
Höchstgeschwindigkeit im 1. Gang	52 km/std
Höchstgeschwindigkeit im 2. Gang	72 km/std
Höchstgeschwindigkeit im 3. Gang	110 km/std
Höchstgeschwindigkeit im 4. Gang	ca. 140 km/std
Batteriekapazität	6 Volt/75 Ah
Inhalt des Kühlsystems einschl. Heizung	12,8 l
Ölfüllung des Kurbelgehäuses	6 l

Änderungen in der Konstruktion vorbehalten

Einige der technischen Hauptdaten des Mercedes-Benz 220 als Cabriolet A und B. Fahrgestell- und Karosseriegewicht getrennt anzugeben verriet noch alte Schule...

Cabriolet
Klassische Schönheit im modernen Gewand
Man ist der Natur ganz nahe, fährt m

Einer der ganz großen Klassiker des deutschen Automobilbaus: Der Mercedes-Benz 300 als viertüriges Cabriolet D.

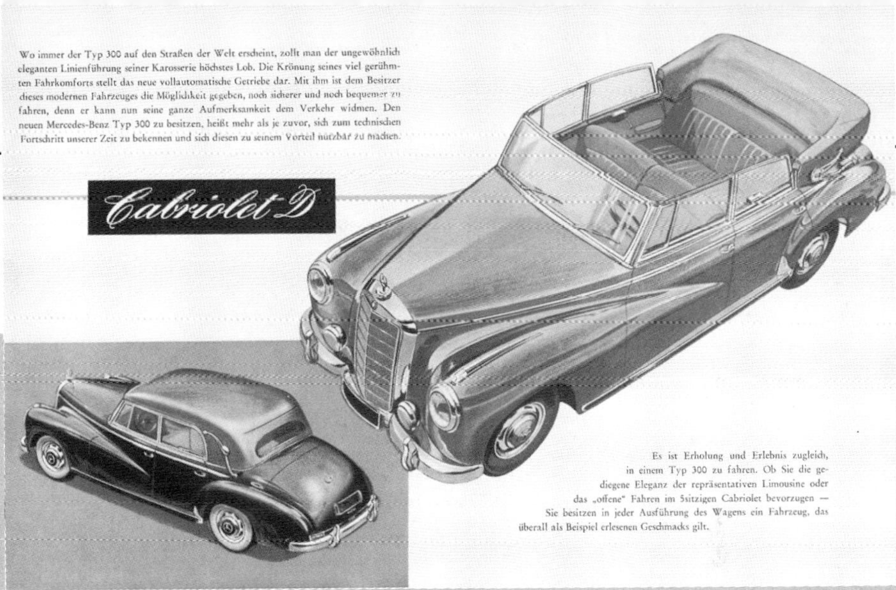

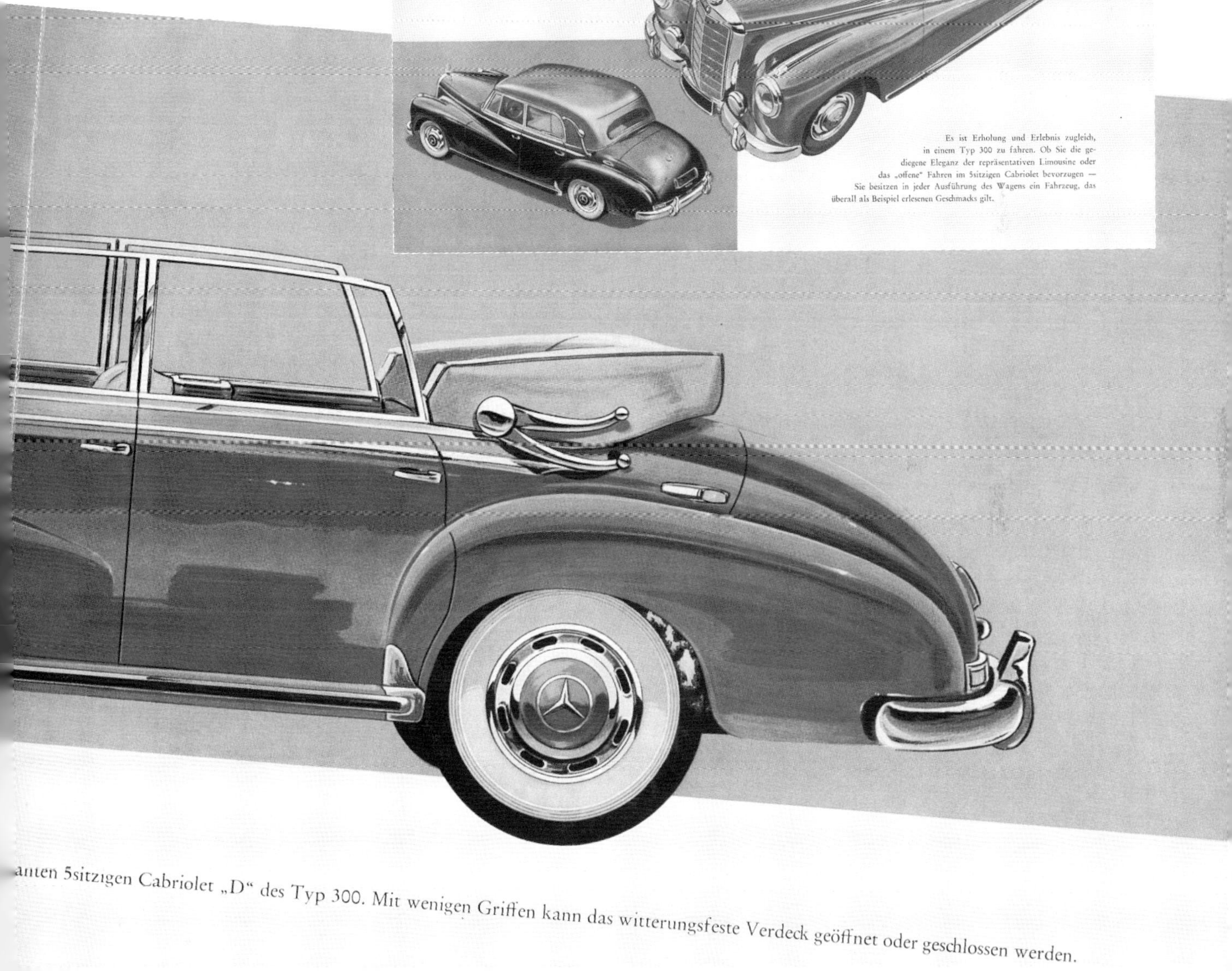

Oben: Daimler-Benz-Pressefoto eines 1955er Mercedes 300 c in der Ausführung als D-Cabriolet.
Rechts: Der gleiche Dreihunderter mit geschlossenem Verdeck.

Links: Mercedes-Benz Cabriolet 300 c von 1956, das nur 51 mal gebaut wurde; unten ein 300 b, Baujahr 1954.

Mercedes-Benz 300

Als sportliche Version des a
1951 angebotenen Mercede
Benz 300 erschien im J
1952 der 300 S (ab Septer
ber: 300 Sc mit Einspri
motor). Das Fahrzeug g
seinerzeit als das Spitze
Automobil deutscher Fe
tigung und blieb mit insg
samt 760 Exemplaren eir
Rarität.

Ein Prospekt von 1955, der neben allen anderen Mercedes-Modellen auch den 300 S zeigt. Gezeichnete und fotografierte Wagen bilden einen reizvollen Kontrast.

Der Nachfolger des 300 SL Flügeltürers wurde der ab Mai 1957 erhältliche Roadster gleicher technischer Konfiguration. Mit 32.500 Mark war dieses Automobil der Superlative gar nicht einmal allzu teuer. Geschickt hattc man den Gitterrohrrahmen des Coupés umkonstruiert und dem Wagen Türen mit passablem Einstieg verpaßt. Das formschöne und bis zu 260 km/h schnelle Auto wurde bis zum Februar 1963 in insgesamt 1858 Exemplaren hergestellt.

Fast alle Werbeprospekte, die einzelne Modelle von Daimler-Benz betreffen, waren damals mit solchen Titelseiten versehen.

Werbung für den offenen 300 SL Roadster 1959. Viele fanden seine Proportionen schöner als die des Flügeltürers!

Gekonnte Abbildung des Wagens in so realistischer Manier, wie sie ein echtes Foto niemals zustande bringen würde. 32.500 Mark kostete der Roadster; ein Hardtop war für 1500 Mark zu bekommen.

Erinnern Sie sich noch der spartanisch eingerichteten Sportwagen aus den vergangenen Jahren? Beim 300 SL jedenfalls liegt alle Sportlichkeit in seinem Temperament und seinem Aussehen. Seine Bequemlichkeit aber unterscheidet sich nicht von einem repräsentativen Tourenwagen – so luxuriös und reichhaltig ist seine Ausstattung. Wertvolles Leder fast überall: als Polsterbezug der Sitze, für die Türverkleidungen, zur Polsterung des Armaturenbrettes und der Sonnenblenden. Bequem ruhen die Arme auf den breiten Armlehnen an den Türen. Darunter befinden sich große Taschen für die unentbehrlichen Kleinigkeiten bei langer Reise. Die wulstartige Polsterung des Armaturenbrettes und der beiden Sonnenblenden dient ebenso der Sicherheit wie die ungehinderte Sicht durch die breite Panorama-Windschutzscheibe. Besondere Sorgfalt wurde der Geräusch- und Wärmeabschirmung des Innenraums gewidmet. Dank der hervorragenden Isolation können Sie sich auch bei eiliger Fahrt ungestört mit Ihrem Fahrgast unterhalten und haben das Gefühl, eher in einem schweren Reisewagen zu sitzen als ein extrem schnelles Touren-Sportfahrzeug zu fahren.

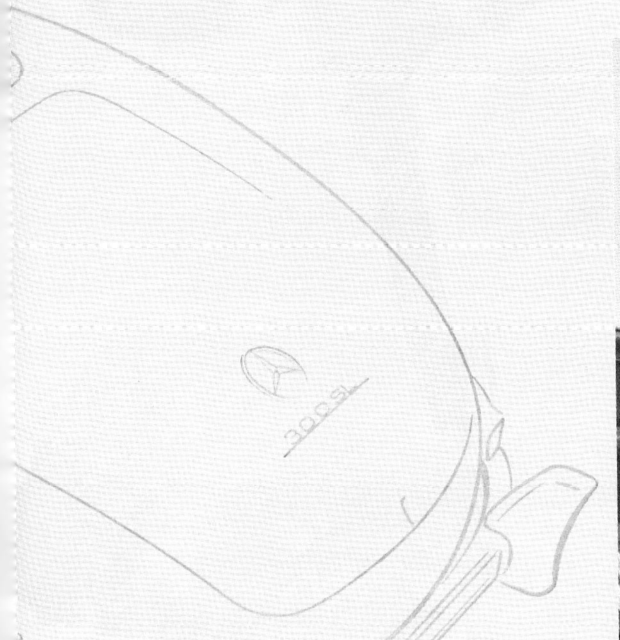

Das Verdeck des 300 SL ließ sich mit wenigen Handgriffen öffnen oder schließen; es verschwand unter einer Metallklappe im Fond. Platz für einen Notsitz gab es nicht, der 300 SL war ein Zweisitzer pur.

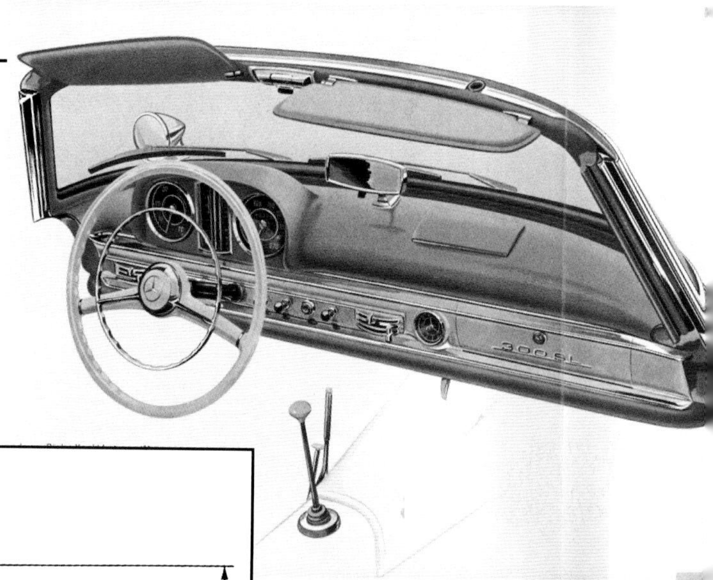

Armaturen des 300 SL. Unten: In den Abmessungen entsprach der 300 SL mit 4,57 m Gesamtlänge der Dimension eines Opel Rekord. Das Auto wirkte länger als es war!

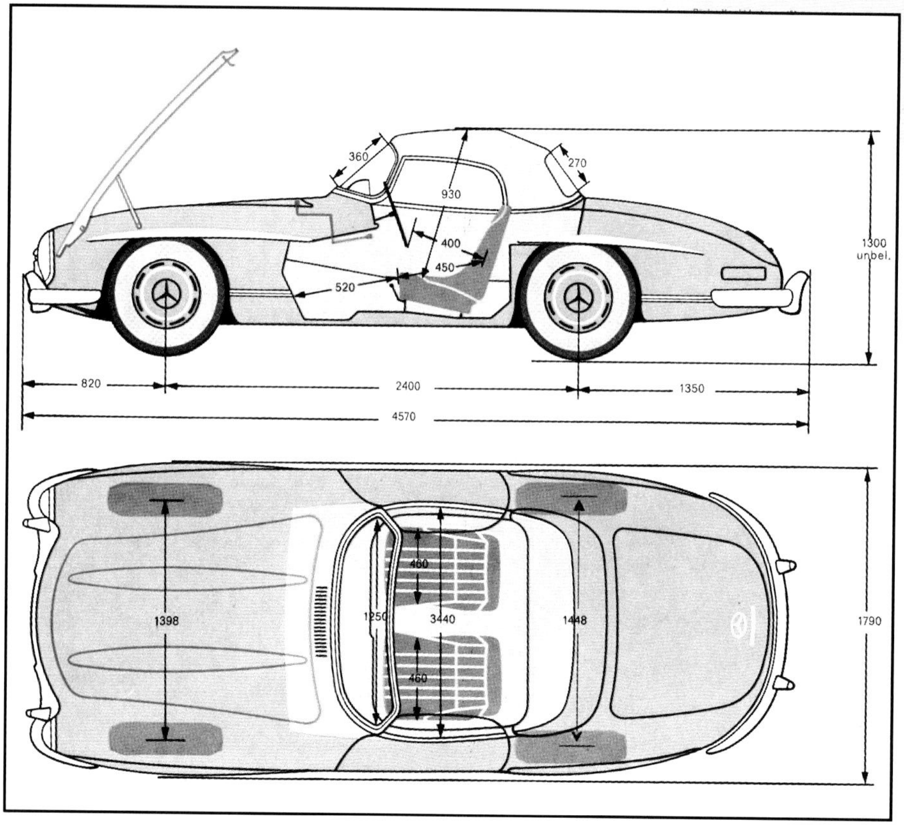

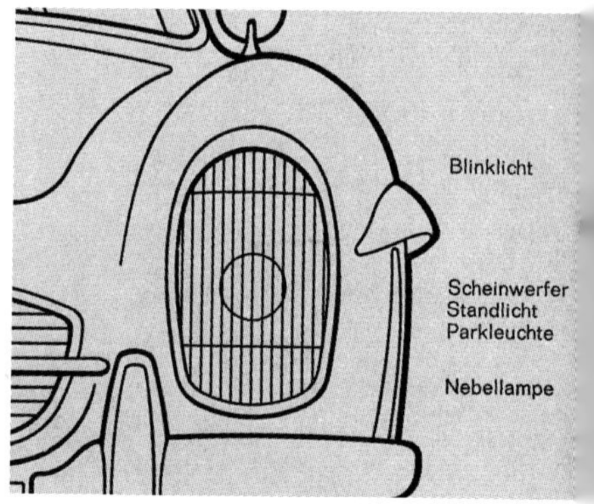

Die Kombination der Leuchten im Frontscheinwerfer des 300 SL. Die wuchtigen Scheinwerfer-Einheiten waren eine zeitlang sehr en vogue.

Werbung für den 300 SL, die sich an englische und amerikanische Besatzungskräfte richtete.

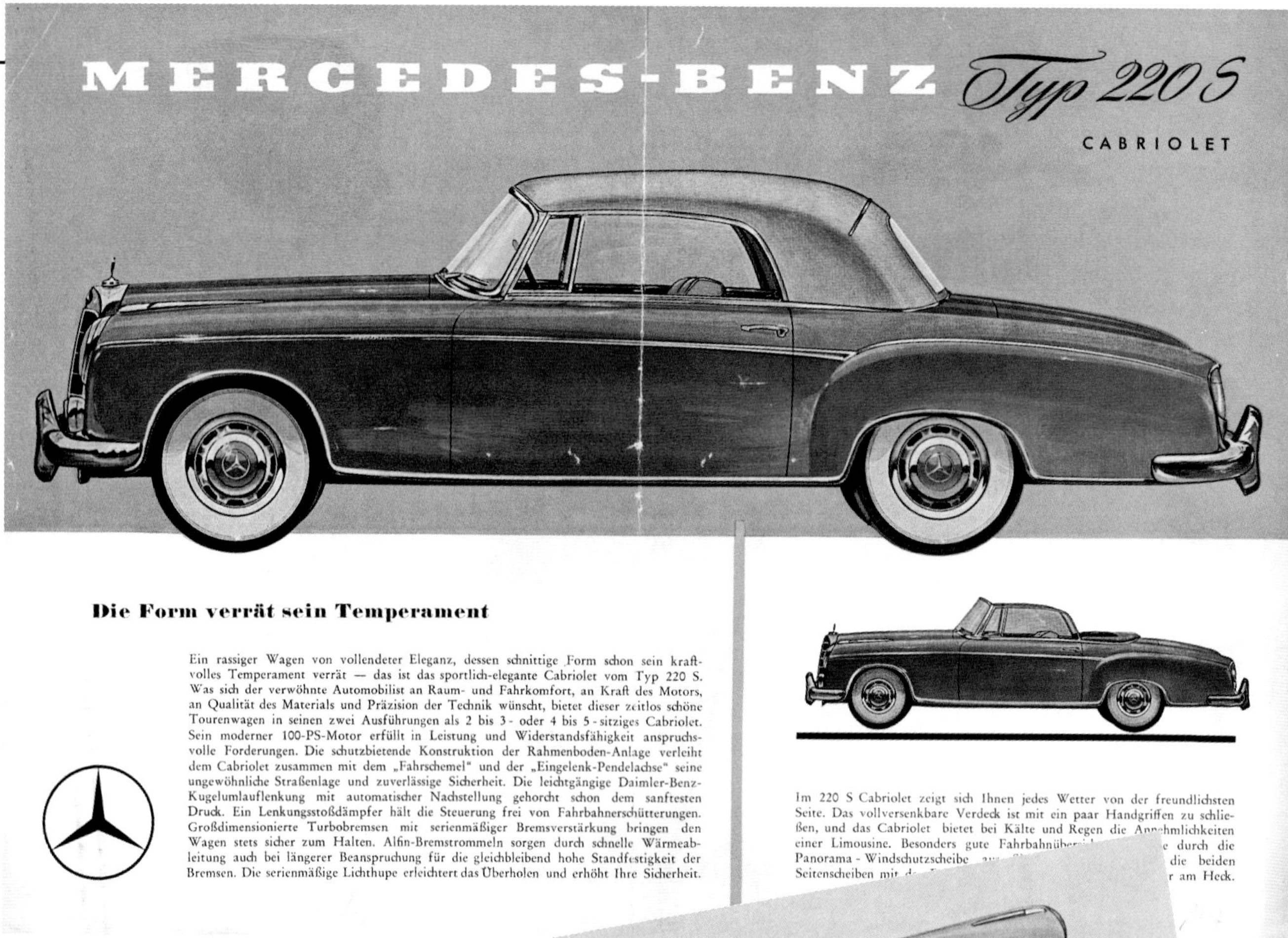

MERCEDES-BENZ *Typ 220 S*

CABRIOLET

Die Form verrät sein Temperament

Ein rassiger Wagen von vollendeter Eleganz, dessen schnittige Form schon sein kraftvolles Temperament verrät — das ist das sportlich-elegante Cabriolet vom Typ 220 S. Was sich der verwöhnte Automobilist an Raum- und Fahrkomfort, an Kraft des Motors, an Qualität des Materials und Präzision der Technik wünscht, bietet dieser zeitlos schöne Tourenwagen in seinen zwei Ausführungen als 2 bis 3- oder 4 bis 5-sitziges Cabriolet. Sein moderner 100-PS-Motor erfüllt in Leistung und Widerstandsfähigkeit anspruchsvolle Forderungen. Die schutzbietende Konstruktion der Rahmenboden-Anlage verleiht dem Cabriolet zusammen mit dem „Fahrschemel" und der „Eingelenk-Pendelachse" seine ungewöhnliche Straßenlage und zuverlässige Sicherheit. Die leichtgängige Daimler-Benz-Kugelumlauflenkung mit automatischer Nachstellung gehorcht schon dem sanftesten Druck. Ein Lenkungsstoßdämpfer hält die Steuerung frei von Fahrbahnerschütterungen. Großdimensionierte Turbobremsen mit serienmäßiger Bremsverstärkung bringen den Wagen stets sicher zum Halten. Alfin-Bremstrommeln sorgen durch schnelle Wärmeableitung auch bei längerer Beanspruchung für die gleichbleibend hohe Standfestigkeit der Bremsen. Die serienmäßige Lichthupe erleichtert das Überholen und erhöht Ihre Sicherheit.

Im 220 S Cabriolet zeigt sich Ihnen jedes Wetter von der freundlichsten Seite. Das vollversenkbare Verdeck ist mit ein paar Handgriffen zu schließen, und das Cabriolet bietet bei Kälte und Regen die Annehmlichkeiten einer Limousine. Besonders gute Fahrbahnüber[...] durch die Panorama-Windschutzscheibe [...] die beiden Seitenscheiben mit [...] am Heck.

Werbeblatt mit der Ankündigung des neuen 220 S Cabriolets. Es wurde als "Typ C" bezeichnet, war also ein zweitüriger Viersitzer, und es wurde auch eine A-Version mit zwei Plätzen angeboten. Mit 100 PS ein ausgezeichnet motorisiertes Komfortfahrzeug.

Mercedes-Benz 220 S

Den ersten „Ponton"-Mercedes 220 S gab es von 1956 bis 1959 in einer Cabriolet-Version. Als Abkömmling des 220a wurde er — entgegen ursprünglicher Planung — indes nicht gebaut. Mit seinem 100-PS-Sechszylindermotor ging der Wagen an die 160 km/h. Auffallend war der reichliche Gebrauch von Chromschmuck, und auf Wunsch erhielt man das Auto, dem Zeitgeschmack entsprechend, in Zweifarben-Lackierung. Bis zum Oktober 1959 entstanden 3429 Stück, Coupés mitgerechnet. Die Einspritzer-Version 220 SE gab es von 1958 bis 1960.

Die Merkmale seiner eleganten äußeren Erscheinung umgeben Sie auch im Innern des 220 S Coupés und Cabriolets. Das Edelholz-Armaturenbrett ist übersichtlich gestaltet und an der Unterkante weich gepolstert. Im Paneel eingearbeitet und mit Blendschutzrahmen versehen sitzt das Kombi-Instrument. Es enthält Meßinstrumente für Geschwindigkeit – mit waagerecht gleitendem Zeiger –, Öldruck, Kühlwassertemperatur und Kraftstoffvorrat sowie einen Gesamt- und einen Tageskilometerzähler, dazu Kontrolleuchten für Blinker, zweistufiges Standgebläse, Fernlicht und Starter. Darunter befinden sich griffbereit und aus Sicherheitsgründen zurückgesetzt die Bedienungshebel für Heizung und Lüftung an beiden Enden des Armaturenbrettes, Knöpfe für die zweistufigen Scheibenwischer, Außen- und Innenbeleuchtung und das kombinierte Lenk- und Zündschloß, Lichthupe, Aschenbecher mit Zigarrenanzünder, elektrische Zeituhr, ein ins Paneel eingearbeiteter Haltegriff für den Beifahrer und der große verschließbare Handschuhkasten gehören zur reichhaltigen Ausstattung dieser Wagen.

220 S

COUPÉ UND CABRIOLET

Aus einem 1956 veröffentlichten Prospekt für den Mercedes-Benz 220 S als Coupé bzw. Cabriolet. Die Betonung der werblichen Aussage liegt vor allem auf der qualitätvollen Verarbeitung des Fahrzeugs.

Das harmonische Zusammenspiel von Lack und Chrom hebt den Wagen schon vom äußeren Bild her auf ein hohes Niveau. Die Nuancen dieses Bildes aber bestimmen Sie nach Ihrem Geschmack: Neben den Serienfarben haben Sie unter zahlreichen modernen Ein- und Zweifarb-Lackierungen die Auswahl.
Ob Sie sich nun für das Coupé entscheiden oder das Cabriolet bevorzugen, Sie wählen einen Wagen ausgesprochen individueller Prägung. Das vollversenkbare Cabrioletverdeck ist mit wenigen Griffen aufgeklappt. Ausgleichsfedern machen das Öffnen und Schließen leicht; eine Stoffbespannung verkleidet das gesamte Verdeckgestell von innen.

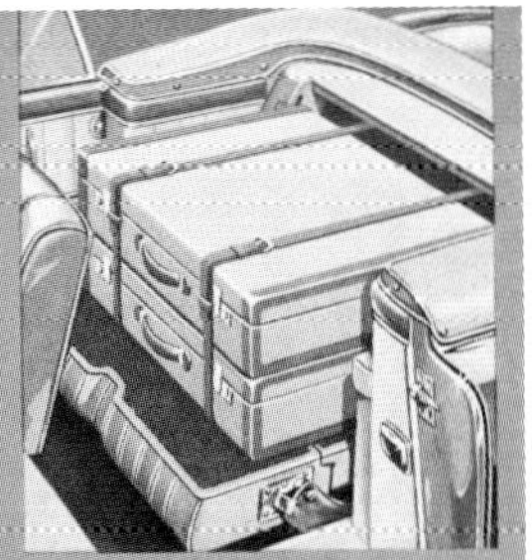

Wer täglich nur zwei Stunden Auto fährt, verbringt im Laufe eines Jahres zusammengenommen genau einen Monat – Tag und Nacht – im Wagen. Das 220 S Cabriolet ist, wie das Coupé, dafür geschaffen, den Besitzer in dieser Zeit mit Raum und Komfort zu verwöhnen. Die Polstersitze vorn sind bequem wie Sessel. Sie sind, wie auch die Behelfssitzbank im Fond und die gesamten Seiten- und Türverkleidungen, mit wertvollem Leder bezogen. Zwei große Türtaschen, Halteschlaufen, Armlehnen, Sonnenblenden, ein abblendbarer Rückspiegel, Sicherheits-Türschlösser und beim Coupé je ein Haltegriff links und rechts am Dachrahmen sind einige Details der Ausstattung. Die beiden großen Türen, mit Edelholzleisten versehen, können von außen verschlossen und von innen verriegelt werden. Die Innenbeleuchtung kann auf Türkontakt eingestellt werden und schaltet sich dann bei Öffnung der Türen automatisch ein. Mit dem wirkungsvollen Heizungs- und Lüftungssystem sowie dem zweistufigen elektrischen Stand-Entfrostergebläse regulieren Fahrer und Beifahrer getrennt das Reiseklima nach Wunsch. Die Behelfssitzbank läßt sich zusammen mit der Rückenlehne leicht nach vorne umklappen und bietet nun Auflage und Raum für zusätzliches großes Gepäck (Spezialkoffersatz gegen Mehrpreis). Auf Sonderwunsch kann im Fond eine feste Polstersitzbank eingebaut werden. Als weitere Sonderausstattung können die Wagen mit einem hydraulischen Kupplungsautomaten – dem Hydrak – geliefert werden; über den Sie ein Sonderprospekt ausführlich informiert.

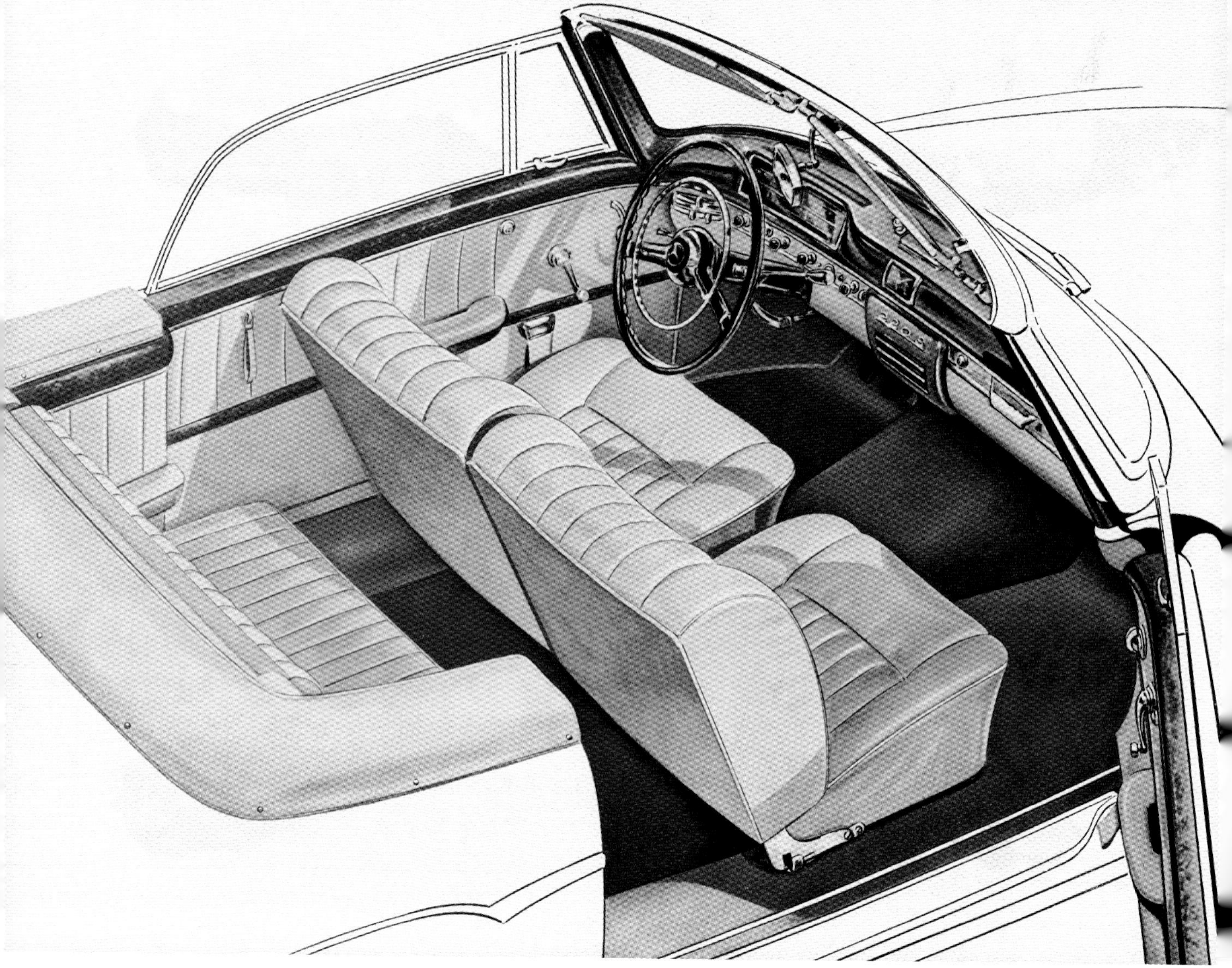

220 S/SE
COUPÉ UND CABRIOLET

Links: Blick ins Cockpit des 220 S von 1956. Rechts: 220 SE von 1959. Ein Viersitzer, oder besser ein 2+2. Der 115-PS-Wagen war, wie die technischen Daten zeigen, kein ausgesprochenes Leichtgewicht.

220 SE Cabriolet und Coupé (mit Einspritzmotor)

Motorleistung nach SAE		130 HP/5000 U/min
DIN*		115 PS/4800 U/min
	Steigfähigkeit	Höchstgeschwindigkeit
im 1. Gang	60 %	49 km/std
2. Gang	34 %	76 km/std
3. Gang	19 %	119 km/std
4. Gang	10,7 %	ca. 160 km/std

Fahrverbrauch bei durchschnittlichen Überlandfahrten
mit mech. Kupplung 8,7–12 Ltr./100 km
mit hydr.-autom. Kupplung 9,0–12,5 Ltr./100 km
Kraftstoffverbrauch nach DIN 70030**
(gemessen bei 110 km/std)
mit mech. Kupplung 10,7 Ltr./100 km
mit hydr.-autom. Daimler-Benz-Kupplung 10,9 Ltr./100 km
Tankinhalt 62 Ltr.
Reserve 5,5 Ltr. (Anzeige über Warnleuchte)
Oktanzahl des Kraftstoffes Tankstellen-Super- bzw. Benzin-Benzol-Kraftstoff mit 93–95 Oktan nach Research-Methode (ROZ)
Fahrzeuggewicht fahrfertig mit Reserverad und Werkzeug

Cabriolet	mit mech. Kupplung	1405 kg
	mit hydr.-autom. Kupplung	1420 kg
Coupé	mit mech. Kupplung	1370 kg
	mit hydr.-autom. Kupplung	1385 kg
Zulässiges Gesamtgewicht		1810 kg

* Die angegebene Leistung in PS ist, da alle Nebenleistungen bereits abgezogen sind, an der Kupplung für den Antrieb des Wagens effektiv verfügbar.

** Ermittelt bei 3/4 der Höchstgeschwindigkeit (max. 110 km/std) unter Zuschlag von 10 %.

Lt. VDA-Revers technische Angaben nach DIN 70020 und DIN 70030.

Der auf Sonderwunsch eingebaute Hochleistungsmotor mit intermittierender Saugrohreinspritzung entwickelt eine Leistung von 115 PS. Die intermittierende Einspritzung bewirkt, daß den Zylindern nur in dem kurzen Moment vor Beginn der Verdichtung die für den jeweiligen Drehzahlbereich genau benötigte Dosis Brennstoff zugeführt wird.

Die 106 PS des elastischen Sechszylinder-Kurzhubmotors wirken sich in weichem, aber rasantem Anzug und in sekundenschneller Beschleunigung aus. Der Zuverlässigkeit, Verschleißfestigkeit und Wirtschaftlichkeit des Motors dient eine Anzahl fortschrittlicher Bauelemente. So hält ein thermostatisches Kühlsystem die günstigste Betriebstemperatur des Motors konstant. Zwei Register-Fallstromvergaser, deren zweite Stufen sich bei steigender Drehzahl automatisch einschalten, garantieren hohe Leistung und halten den Verbrauch erstaunlich niedrig. Die automatisch nachstellende Duplex-Antriebskette der oben liegenden Nockenwelle sorgt für ruhigen Lauf des Motors.

Die Modelle S und SE — also in Vergaser und in Einspritz-Version — gab es parallel, sowohl als Limousine als auch in Cabrio/Coupé-Version. Der Einspritzer war etwas temperamentvoller, doch in der Endgeschwindigkeit gab es keine Unterschiede.

Auf allen Rennstrecken,

auf denen die sieggewohnten Wagen mit dem weltberühmten Mercedes-Benz-Stern fuhren, haben die Konstrukteure der Daimler-Benz Aktiengesellschaft ihre Erfahrungen gesammelt. Alles, was der Weiterentwicklung dienen konnte, wurde auf den großen internationalen Rennen der härtesten Prüfung unterzogen.

Neben dem sieggewohnten 300 SL ist auch der neue Typ 190 SL mit seinen überragenden Eigenschaften ein vorbildliches Beispiel für den Wert der Rennerfahrung in ihrer Anwendung auf den Serienfahrzeugbau.

Anpassungsfähig an die Wünsche seines Besitzers und bei aller Verwandelbarkeit immer gleich elegant und von bestechender Schönheit, ist der 190 SL der ideale Wagen für alle Automobilisten, die im Hinblick auf Technik und Ästhetik hohe Ansprüche an ihr Fahrzeug stellen.

Ob Sie Ihren Wagen auf täglicher Fahrt im Stadtverkehr oder auf Reisen benutzen wollen, ob Sie bei schönem Wetter das „offene Fahren" lieben oder die repräsentative Note eines geschlossenen Wagens bevorzugen – der Typ 190 SL erfüllt in seiner Vielseitigkeit noch mehr als diese Wünsche.

Die serienmäßige Ausführung silbergrauer metallic-Lackieru Spezialsitzen, die wahlweise a blauem, creme oder grünem T geliefert werden, bietet Ihnen ein versenkbares Verdeck und senkbare Seitenscheiben alle Anr lichkeiten eines echten Roadster Für sportliches Fahren lassen sic Türen gegen leichte Seitentüren Armausschnitt und die Windschu scheibe gegen eine vor dem Fahrer angebrachte kleine Sportscheibe a Plexiglas austauschen. Zur weitere Gewichtsminderung können außer dem das Verdeck und die Stoßstang abgenommen werden.

Durch Aufsetzen eines auf Sonderwunsch lieferbaren Daches wird der Typ 190 SL Roadster zum Coupé, das gediegene Eleganz mit völliger Witterungsunempfindlichkeit verbindet.

Hohe Leistung und imponierende Fahreigenschaften geben dem Typ 190 SL seinen sportlichen Charakter, während der für einen Touren-Sportwagen außergewöhnliche Raum- und Fahrkomfort, seine zeitsparende Schnelligkeit und Wirtschaftlichkeit dem 190 SL alle Merkmale eines vorzüglichen Gebrauchsfahrzeugs geben.

Coupé mit Leichtmetalldach und Polstersitzen aus echtem Leder. Nach Lösen der innen angebrachten Verschlüsse ist das Dach abzunehmen und offen zu fahren oder gegen ein auf Sonderwunsch lieferbares Roadster-Verdeck austauschbar.

Drei Wünsche — mit einem Wagen erfüllt!

Drei Wünsche erfülle der Mercedes 190 SL, versprach dieser Prospekt von 1956. Gemeint waren die drei Varianten Coupé, Roadster und Rennsportwagen. Letzterer blieb aber eine Rarität — im Wettbewerb tauchte dieser 190 so gut wie nie bei uns auf. Ein ,,sportlicher'' Wagen war der 190 SL aber allemal, wenn auch ein Vergleich mit einem 300 SLR (siehe oben links) nicht ganz den Realitäten entsprach . . .

Mit einem Prospektblatt hatte man bereits 1954 einen Prototyp des 190 SL als lang erwarteten Sportwagen vorgestellt.

Erst im November 1955 ging der schon lange angekündigte 190 SL in Serie. Hier der erste Verkaufsprospekt, der die Verwandtschaft zum Wettbewerbswagen deutlich machen soll.

Das Armaturenbrett des Mercedes-Benz 190 SL strahlt die gediegene Eleganz eines typischen Stuttgarter Nobelwagens aus. In diesem Katalog wird auch auf den „Sportroadster" verwiesen, der zwar in einigen Exemplaren gebaut, aber im Wettbewerb kaum eingesetzt wurde . . .

MERCEDES-BENZ
Typ 190 SL

MERCEDES-BENZ

Zwei Wagen in einem

vereinigen sich in dem neuen Mercedes-Benz-Tourensportwagen Typ 190 SL. Als Reisewagen wie für die tägliche Fahrt im Stadtverkehr bietet der rassig-elegante zweisitzige Roadster für einen Wagen sportlichen Charakters ein ungewöhnlich hohes Maß von Fahrkomfort, Zuverlässigkeit und Sicherheit. Zeitsparende Schnelligkeit und Geräumigkeit, Wirtschaftlichkeit und leichte Bedienung machen ihn zum vorzüglichen Gebrauchsfahrzeug. Darüberhinaus ermöglichen seine hohe Leistung und imponierenden Fahreigenschaften die erfolgreiche Teilnahme an motorsportlichen Wettbewerben.

Die reichen Daimler-Benz-Erfahrungen im Renn- und Sportwagenbau und die jüngsten Erkenntnisse moderner Personenwagen-Konstruktionen sichern dem neuen Roadster die markanten Vorzüge, die bei allen Anforderungen eindrucksvoll den Begriff „Mercedes-Benz-Sicherheit" beweisen.

Ganz nach Ihren Wünschen

können Sie alle Annehmlichkeiten eines komfortablen Reisewagens genießen oder die kraftvolle Schnelligkeit des Typ 190 SL nach äußerlicher Veränderung im sportlichen Einsatz ausnutzen. Während bei der Normalausstattung ein versenkbares, ohne jede Mühe bedienbares Verdeck und versenkbare Seitenscheiben die Annehmlichkeiten eines echten Roadsters bieten, lassen sich für sportliche Veranstaltungen die Türen gegen leichte Seitentüren mit Armausschnitt und die Windschutzscheibe gegen einen nur vor dem Fahrer angebrachten Schutzschild aus Plexiglas austauschen. Zur weiteren Gewichtsverminderung können außerdem Verdeck und Stoßstangen abgenommen werden.

Sicheren Halt

und bequemen Sitz bei jeder Fahrweise geben die für diesen schnellen Wagen entwickelten Spezialsitze. Sie sind in Längsrichtung verstellbar und können nach vorn umgeklappt werden. Außerdem kann im Fond ein dritter Sitz – quer zur Fahrtrichtung – angebracht werden.

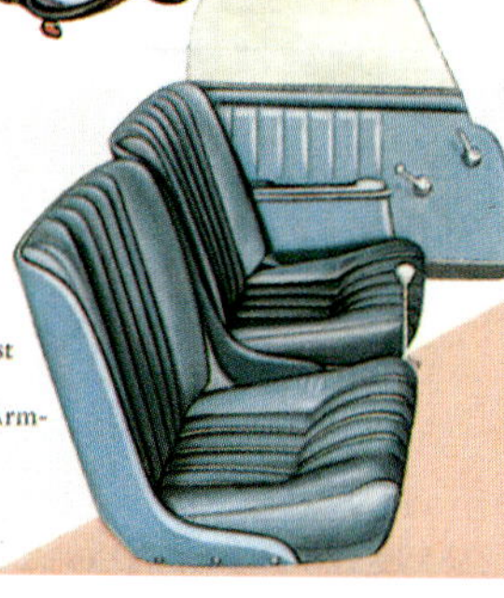

Die geräumigen Taschen an den breiten Türen sind oben mit einem langgestreckten Wulst versehen, der gleichzeitig als Armstütze und Zuggriff dient.

In der Formschönheit und Harmonie der Linien spiegelt sich echte Sindelfinger Karosserie-Baukunst. Die niedere Motorhaube gewährt hervorragende Sicht auf die Fahrbahn bis unmittelbar vor den Wagen und einen guten Blick über die Kotflügel. Fahrkomfort und Ausstattung bestätigen die glückliche Verbindung von sportlicher Note und Leistung mit der Bequemlichkeit des Reisewagens. Die eingebaute Lüftung und Heizung, auf jeder Seite getrennt regulierbar, sorgt stets für ein angenehmes Klima. Spielend leicht zu bedienende Lenkung und Schaltung sowie eine Fülle kleiner Annehmlichkeiten von der Druckknopftüröffnung bis zur Leselampe machen jeden Kilometer in dem schmucken sportlichen Roadster zur Freude.

1955

Als „kleiner Bruder des 300 SL" gab sich der 190 SL mit seinen sportlichen Sitzen und anderen Attributen des „Großen" recht attraktiv.

Selbstverständlich wurde in renommierten Automobilzeitschriften für den 190 SL geworben.

MERCEDES-BENZ *Typ 190 SL*

Roadster

Coupé

Sportlicher Roadster

Drei Wünsche – auf einmal erfüllt

Hohe Leistung, ausgeprägter Komfort und betriebliche Unempfindlichkeit – drei Eigenschaften, deren Verwirklichung in einem Fahrzeug der Wunschtraum eines jeden Automobilisten ist – sind die hervorstechenden Merkmale des neuen Mercedes-Benz Tourensportwagens 190 SL. Als Reisewagen und für tägliche Fahrten im Stadtverkehr bietet der rassig-elegante Roadster für einen Wagen sportlichen Charakters ein ungewöhnlich hohes Maß an Fahrkomfort, Zuverlässigkeit und Wirtschaftlichkeit. Seine zeitsparende Schnelligkeit und Geräumigkeit, seine leichte Bedienung und überragende Sicherheit machen ihn zum vorzüglichen Gebrauchsfahrzeug. Darüber hinaus ermöglichen seine hohe Leistung und imponierenden Fahreigenschaften ein sportliches Fahren. Zur Gewichtsverminderung können die Türen gegen Leichtmetall-Sporttüren mit tiefem Armausschnitt, die Windschutzscheibe gegen ein Plexiglas-Schild ausgetauscht und das Verdeck sowie die Stoßstangen abgenommen werden. Mit dem Aufsetzen des formschönen Leichtmetalldaches wird der 190 SL zum gediegenen, repräsentativen Coupé mit allen Annehmlichkeiten eines großen, komfortablen Tourenwagens. Die technisch glänzende Lösung des Problems, drei so verschiedene Wagenformen in einem Typ zusammenzufassen, liefert einen überzeugenden Beweis für das reife Können seiner Konstrukteure. Bei aller Vielseitigkeit des 190 SL bleibt jedoch der traditionelle Mercedes-Benz-Grundsatz unbedingter Sicherheit voll gewahrt. Sie bildet den umfassenden Rahmen, in dem die Schnelligkeit, der Komfort und die Schönheit dieses neuen Tourenwagens harmonisch vereint sind.

Von den drei Wünschen wurden zwei mit Sicherheit erfüllt: Der sportliche Roadster mit ausgeschnittenen Türen blieb ein Wunschtraum . . .

Für den gar nicht einmal so kleinen Gepäckraum des 190 SL gab es einen speziellen, fünfteiligen Koffersatz zur optimalen Raumausnutzung.

Kraft und Tempo – leicht beherrscht

Mit einem Blick erfaßt man im Typ 190 SL die übersichtlich angeordneten Instrumente auf dem formschönen, an der Unterkante gepolsterten Armaturenbrett. Tachometer mit Gesamt- und Tages-Kilometerzähler (im Bild Meilenangabe), Drehzahlmesser, Ölmanometer, Fernthermometer und Kraftstoffmesser sind wie die Kontrollanzeigen im direkten Sichtfeld gruppiert. Doppelte Scheibenwischer mit zwei Geschwindigkeitsstufen halten stets ein großes, durchgehendes Gesichtsfeld frei. Geräumiger Handschuhkasten, abblendbarer Rückblickspiegel, Ascher – nichts vermißt hier der Fahrer.

Die selbsttragende Rahmenbodenanlage verleiht dem Wagen wie beim Typ 180 Stabilität und Sicherheit. Der bewährte ausfahrbare Fahrschemel vereinigt auch hier Motor, Getriebe, Vorderradaufhängung, Federung und Lenkung. Die Motorlagerung in Gummikissen schafft darüber hinaus eine doppelte Isolierung von Schwingungen oder Geräuschen zum Fahrgastraum.

Der Einbau der Eingelenk-Pendelachse bedeutet einen wesentlichen Schritt zur weiteren Verbesserung der Straßenlage. Mit dieser Achse – die nur einen tiefgelegten Drehpunkt hat – wird die Schrägstellung der Laufräder beim Durchfedern vermindert und die Bodenhaftung wesentlich erhöht. Weiche, nachschwingungsfreie Federung und leichtgängige, spielfreie Lenkung mit automatischer Nachstellung vervollständigen jene überragenden Fahreigenschaften, die es erlauben, die hohe Geschwindigkeit des Typ 190 SL jederzeit auszunutzen. Weich, aber fest zupackende Bremsen geben in allen Situationen die nötige Sicherheit. Großdimensionierte Turbotrommeln schaffen eine schnelle Abkühlung und damit eine hohe Standfestigkeit der Bremsen.

Mit 105 PS

Der Vierzylinder-Motor mit zwei Solex-Register-Flachstromvergasern leistet 105 PS und verleiht dem Typ 190 SL eine Spitzengeschwindigkeit von ca. 180 km/std. Alle vier Vorwärtsgänge sind zwangssynchronisiert. Die günstige Abstufung des Getriebes und die kurzen Schaltzeiten lassen den Typ 190 SL eine ganz hervorragende Beschleunigung erreichen. Dabei kann der 2. Gang bis 90 km/std. und der 3. Gang mit einer Geschwindigkeit von 145 km/std ausgefahren werden.

Fünf Spezialkoffer

Reichlich Platz bietet der große Kofferraum, für den auf Sonderwunsch drei Spezialkoffer geliefert werden. Zwei weitere Koffer nimmt der Raum hinter den Sitzen auf.

TECHNISCHE DATEN

Motor

Zahl der Zylinder	4
Bohrung/Hub	85/83,6 mm
Gesamthubraum effektiv	1897 ccm
Motorleistung*	105 PS/5700 U/min. (120 HP nach SAE)
Drehzahl bei 100 km/std.	3245
Höchstdrehzahl	6000 U/min.
Verdichtung	1:8,5
Vergaser	2 Solex-Register-Flachstromvergaser
Ölkühlung	Öl-Wasser-Wärmetauscher
Ölfüllung des Kurbelgehäuses	max./min. 4/2,5 Ltr.

Fahrwerte

Höchstgeschwindigkeit	im 1. Gang	54 km/std.
	im 2. Gang	92 km/std.
	im 3. Gang	145 km/std.
	im 4. Gang	ca. 180 km/std.
Steigfähigkeit	im 1. Gang	47,3°
	im 2. Gang	23,9°
	im 3. Gang	13,2°
	im 4. Gang	9,2°

Kraftstoff

Kraftstoffnormverbrauch**	8,6 Ltr./100 km
Oktanzahl des Kraftstoffes	Tankstellen-Superkraftstoff 80 Oktan
Tankinhalt	65 Ltr.
davon Reserve	ca. 6 Ltr.
Motoröl-Verbrauch	0,15 Ltr./100 km

Fahrgestell

Wechselgetriebe	DB-Vierganggetriebe, zwangsvollsynchronisiert Knüppelschaltung
Hinterachsübersetzung	1:3,70
Räder	5 K × 13 unsymetrisch
Reifengröße	6,40–13 Spezial R
Batterie	12 V, 42 Ah
Bremsanlage	Bremstrommeln mit Turbokühlung, Bremsbacken mit automatischer Nachstellung

Maße / Gewichte

Größte Länge	4220 mm
Größte Breite	1740 mm
Größte Höhe, unbelastet (mit Verdeck)	ca. 1320 mm
Radstand	2400 mm
Spurweite vorn	1430 mm
Spurweite hinten	1480 mm
Bodenfreiheit	155 mm
Wendekreisdurchmesser	ca. 11 m
Fahrzeuggewicht fahrfertig mit Reserve-Rad und Werkzeug	1160 kg
Zulässiges Gesamtgewicht	1420 kg
Nutzlast	260 kg

* Die angegebene Leistung in PS ist nach Abzug aller Nebenleistungen an der Kupplung für den Antrieb des Wagens effektiv verfügbar. Bei der Leistungsangabe in gross-horsepowers sind die Leistungen der zum Motorbetrieb nicht erforderlichen Nebenaggregate unberücksichtigt.

** Ermittelt bei 2/3 der Höchstgeschwindigkeit max. 80 km/std. unter Zuschlag von 10 %.

Lt. VDA-Revers technische Angaben entsprechend DIN 70020 und 70030.

Änderungen in Konstruktion und Ausstattung vorbehalten.

DAIMLER-BENZ AKTIENGESELLSCHAFT
STUTTGART-UNTERTÜRKHEIM

305 Printed in Germany 355 H – 520

Mit geschlossenem Verdeck

Der offene Roadster

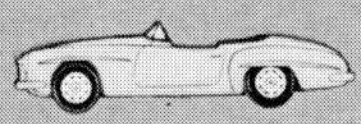

Für sportlichen Einsatz

TYP 190 SL

Ein Tourensportwagen, der sein Format überall beweist

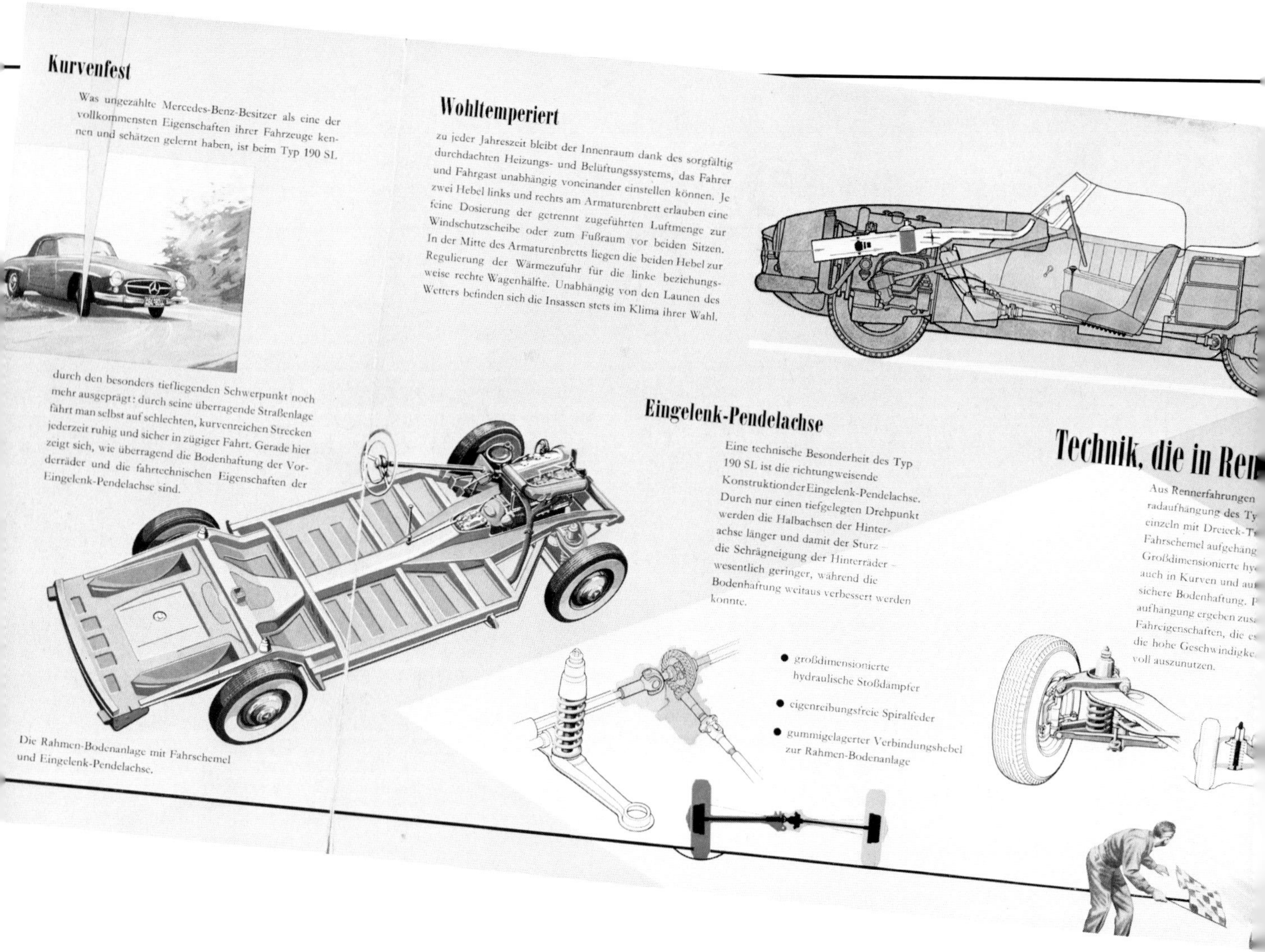

Kurvenfest

Was ungezählte Mercedes-Benz-Besitzer als eine der vollkommensten Eigenschaften ihrer Fahrzeuge kennen und schätzen gelernt haben, ist beim Typ 190 SL

durch den besonders tiefliegenden Schwerpunkt noch mehr ausgeprägt: durch seine überragende Straßenlage fährt man selbst auf schlechten, kurvenreichen Strecken jederzeit ruhig und sicher in zügiger Fahrt. Gerade hier zeigt sich, wie überragend die Bodenhaftung der Vorderräder und die fahrtechnischen Eigenschaften der Eingelenk-Pendelachse sind.

Die Rahmen-Bodenanlage mit Fahrschemel und Eingelenk-Pendelachse.

Wohltemperiert

zu jeder Jahreszeit bleibt der Innenraum dank des sorgfältig durchdachten Heizungs- und Belüftungssystems, das Fahrer und Fahrgast unabhängig voneinander einstellen können. Je zwei Hebel links und rechts am Armaturenbrett erlauben eine feine Dosierung der getrennt zugeführten Luftmenge zur Windschutzscheibe oder zum Fußraum vor beiden Sitzen. In der Mitte des Armaturenbretts liegen die beiden Hebel zur Regulierung der Wärmezufuhr für die linke beziehungsweise rechte Wagenhälfte. Unabhängig von den Launen des Wetters befinden sich die Insassen stets im Klima ihrer Wahl.

Eingelenk-Pendelachse

Eine technische Besonderheit des Typ 190 SL ist die richtungweisende Konstruktion der Eingelenk-Pendelachse. Durch nur einen tiefgelegten Drehpunkt werden die Halbachsen der Hinterachse länger und damit der Sturz – die Schrägneigung der Hinterräder – wesentlich geringer, während die Bodenhaftung weitaus verbessert werden konnte.

- großdimensionierte hydraulische Stoßdämpfer
- eigenreibungsfreie Spiralfeder
- gummigelagerter Verbindungshebel zur Rahmen-Bodenanlage

Technik, die in Ren

Aus Rennerfahrungen
radaufhängung des Ty
einzeln mit Dreieck-T
Fahrschemel aufgehäng
Großdimensionierte hy
auch in Kurven und au
sichere Bodenhaftung. F
aufhängung ergeben zus
Fahreigenschaften, die e
die hohe Geschwindigke
voll auszunutzen.

Die sehr stabile Rahmen-Boden-Anlage des 190 SL hatte man von der Limousine des Typs 180 übernommen. Vorderachse und Antriebsblock waren in einem sogenannten Fahrschemel zusammengefaßt, der sich komplett demontieren ließ.

Das technische Erbe des Mercedes-Benz 180

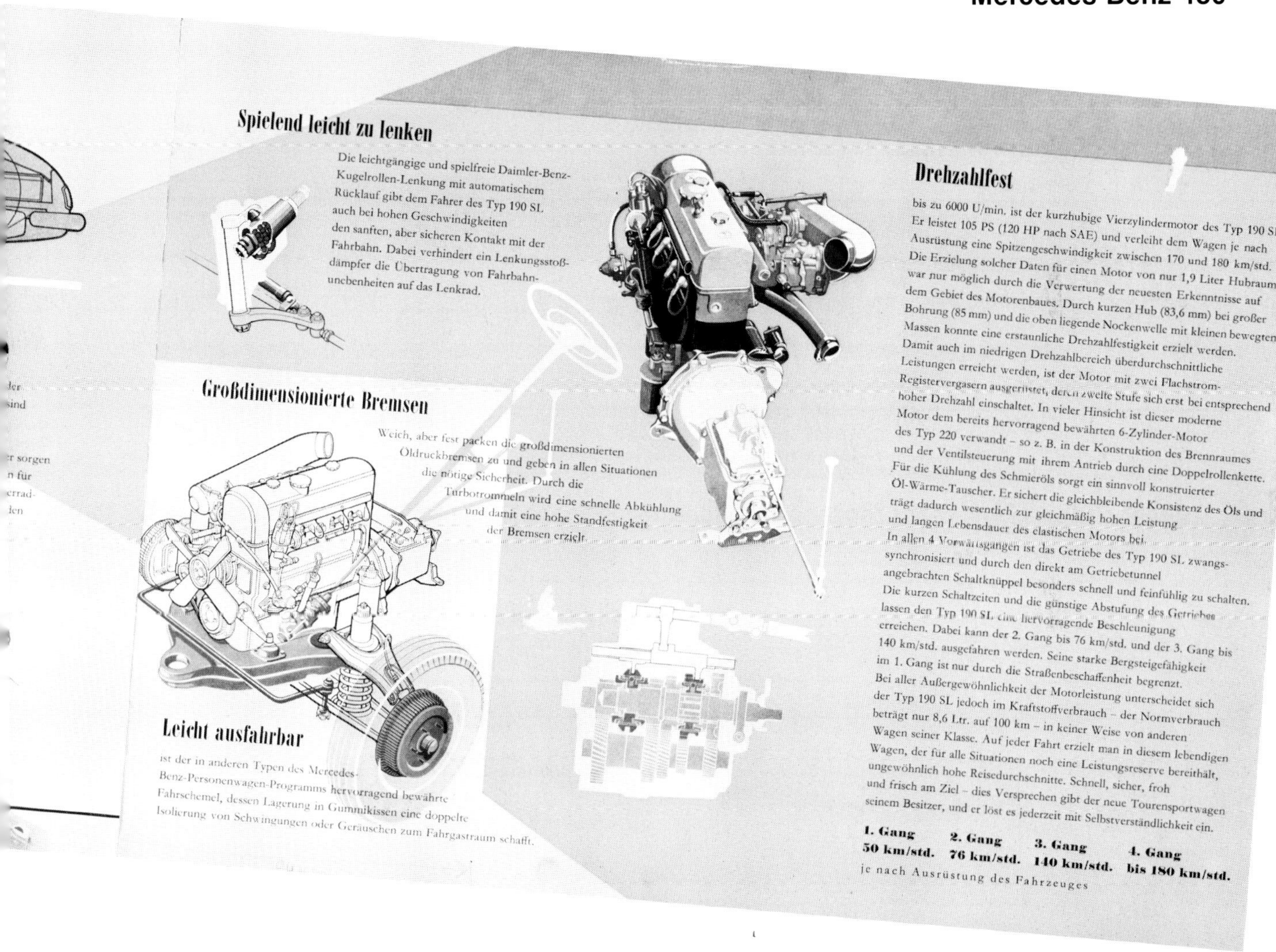

Spielend leicht zu lenken

Die leichtgängige und spielfreie Daimler-Benz-Kugelrollen-Lenkung mit automatischem Rücklauf gibt dem Fahrer des Typ 190 SL auch bei hohen Geschwindigkeiten den sanften, aber sicheren Kontakt mit der Fahrbahn. Dabei verhindert ein Lenkungsstoßdämpfer die Übertragung von Fahrbahnunebenheiten auf das Lenkrad.

Großdimensionierte Bremsen

Weich, aber fest packen die großdimensionierten Öldruckbremsen zu und geben in allen Situationen die nötige Sicherheit. Durch die Turbotrommeln wird eine schnelle Abkühlung und damit eine hohe Standfestigkeit der Bremsen erzielt.

Leicht ausfahrbar

ist der in anderen Typen des Mercedes-Benz-Personenwagen-Programms hervorragend bewährte Fahrschemel, dessen Lagerung in Gummikissen eine doppelte Isolierung von Schwingungen oder Geräuschen zum Fahrgastraum schafft.

Drehzahlfest

bis zu 6000 U/min. ist der kurzhubige Vierzylindermotor des Typ 190 SL. Er leistet 105 PS (120 HP nach SAE) und verleiht dem Wagen je nach Ausrüstung eine Spitzengeschwindigkeit zwischen 170 und 180 km/std. Die Erzielung solcher Daten für einen Motor von nur 1,9 Liter Hubraum war nur möglich durch die Verwertung der neuesten Erkenntnisse auf dem Gebiet des Motorenbaues. Durch kurzen Hub (83,6 mm) bei großer Bohrung (85 mm) und die oben liegende Nockenwelle mit kleinen bewegten Massen konnte eine erstaunliche Drehzahlfestigkeit erzielt werden. Damit auch im niedrigen Drehzahlbereich überdurchschnittliche Leistungen erreicht werden, ist der Motor mit zwei Flachstrom-Registervergasern ausgerüstet, deren zweite Stufe sich erst bei entsprechend hoher Drehzahl einschaltet. In vieler Hinsicht ist dieser moderne Motor dem bereits hervorragend bewährten 6-Zylinder-Motor des Typ 220 verwandt – so z. B. in der Konstruktion des Brennraumes und der Ventilsteuerung mit ihrem Antrieb durch eine Doppelrollenkette. Für die Kühlung des Schmieröls sorgt ein sinnvoll konstruierter Öl-Wärme-Tauscher. Er sichert die gleichbleibende Konsistenz des Öls und trägt dadurch wesentlich zur gleichmäßig hohen Leistung und langen Lebensdauer des elastischen Motors bei.
In allen 4 Vorwärtsgängen ist das Getriebe des Typ 190 SL zwangssynchronisiert und durch den direkt am Getriebetunnel angebrachten Schaltknüppel besonders schnell und feinfühlig zu schalten. Die kurzen Schaltzeiten und die günstige Abstufung des Getriebes lassen den Typ 190 SL eine hervorragende Beschleunigung erreichen. Dabei kann der 2. Gang bis 76 km/std. und der 3. Gang bis 140 km/std. ausgefahren werden. Seine starke Bergsteigefähigkeit im 1. Gang ist nur durch die Straßenbeschaffenheit begrenzt.
Bei aller Außergewöhnlichkeit der Motorleistung unterscheidet sich der Typ 190 SL jedoch im Kraftstoffverbrauch – der Normverbrauch beträgt nur 8,6 Ltr. auf 100 km – in keiner Weise von anderen Wagen seiner Klasse. Auf jeder Fahrt erzielt man in diesem lebendigen Wagen, der für alle Situationen noch eine Leistungsreserve bereithält, ungewöhnlich hohe Reisedurchschnitte. Schnell, sicher, froh und frisch am Ziel – dies Versprechen gibt der neue Tourensportwagen seinem Besitzer, und er löst es jederzeit mit Selbstverständlichkeit ein.

1. Gang	2. Gang	3. Gang	4. Gang
50 km/std.	76 km/std.	140 km/std.	bis 180 km/std.

je nach Ausrüstung des Fahrzeuges

Nur geringfügige Änderungen

Serienmäßig eingebaute Neuerungen:

ATE-Bremsgerät, Lichthupe, Entfroster- und Heizgebläse, Starktonhorn, Handschuhkasten-Schloß

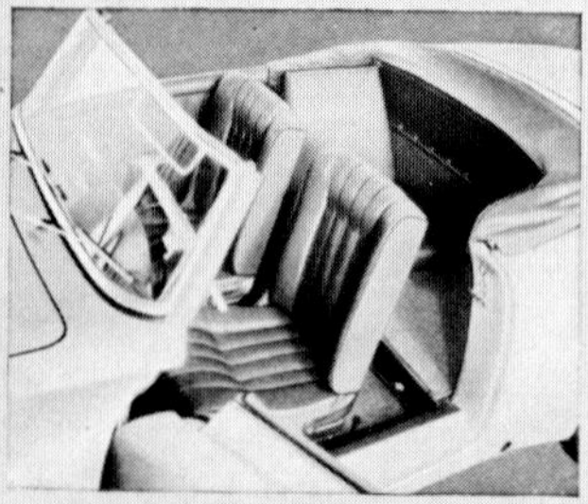

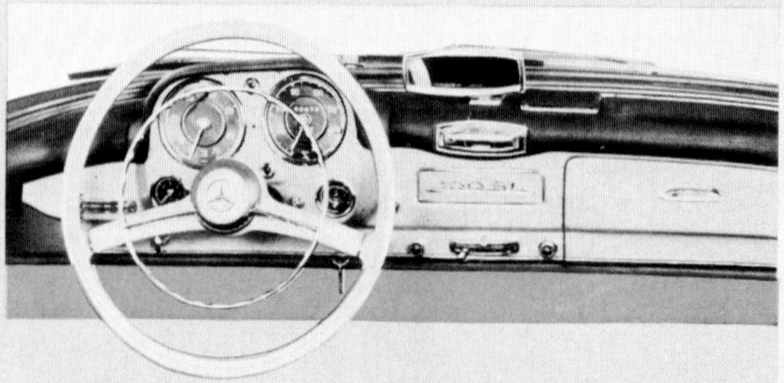

Sicheren Halt

und Bequemlichkeit bei jeder Fahrweise geben die Sitze, die in Längsrichtung leicht zu verstellen sind. Sie sind mit den Farben der übrigen Innenausstattung und der Karosserie zu reizvoller Harmonie abgestimmt. Bei jeder Wagenausführung läßt sich gegen Mehrpreis im Fond ein dritter Sitz quer zur Fahrtrichtung anbringen.

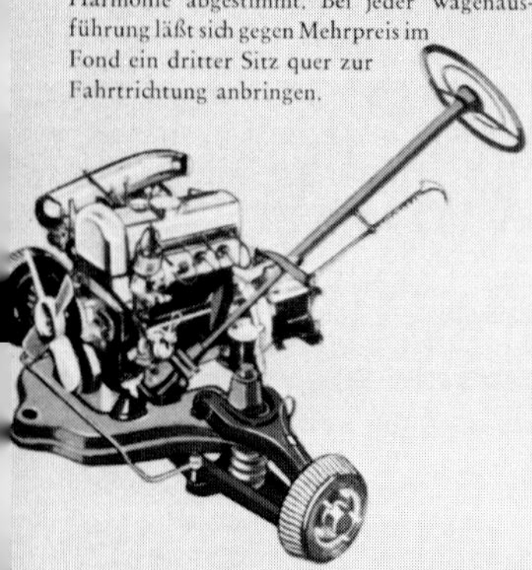

Kraft und Tempo — leicht beherrscht

Mit einem Blick erfaßt man im 190 SL die übersichtlich angeordneten Instrumente auf dem formschönen, an der Ober- und Unterkante mit Texleder bezogenen Armaturenbrett. Tachometer mit Gesamt- und Tageskilometerzähler, Drehzahlmesser, Ölmanometer, Kühlwasser-Fernthermometer und Kraftstoffmesser sind gleich den Kontrollanzeigen im direkten Blickwinkel gruppiert. Ein Scheibenwischerpaar mit zwei Geschwindigkeitsstufen hält stets ein großes, durchgehendes Sichtfeld frei.

Die selbsttragende Rahmenbodenanlage verleiht dem 190 SL Festigkeit und Verwindungssteifheit. Motor, Getriebe, Vorderradaufhängung und Lenkung sind in dem nach vorne ausfahrbaren Fahrschemel vereint. Darüber hinaus schafft die Motorlagerung in Gummikissen eine doppelte Isolierung von Schwingungen und Geräuschen zum Fahrgastraum. Die Eingelenk-Pendelachse hinten trägt wesentlich zu der überragenden Straßenhaftung des 190 SL bei, indem sie die Führung der Hinterräder auch bei schärfster Fahrweise sichert.

Die weiche, nachschwingungsfreie Federung und die leichtgängige Lenkung vervollständigen das Gesamtbild der hervorstechenden Fahreigenschaften dieses schnellen Wagens. Weich, aber fest packen die großdimensionierten Turbobremsen zu und geben auch bei starker Beanspruchung durch ihre große Standfestigkeit stets die nötige Sicherheit.

105 PS leistet der elastische Vierzylinder-Motor bei völlig ausgeglichenem Lauf. Er verleiht dem 190 SL je nach Ausrüstung eine Spitzengeschwindigkeit von ca. 170 bis 180 km/std. Die günstige Abstufung des Getriebes und die kurzen Schaltzeiten geben diesem sportlichen Wagen eine ganz hervorragende Beschleunigung und Steigfähigkeit. Dabei kann der 2. Gang bis zu 76 km/std. und der 3. Gang bis zu einer Geschwindigkeit von ca. 120 km/std. ausgefahren werden.

TECHNISCHE DATEN

Motor

Zahl der Zylinder	
Bohrung/Hub	85/83,6 m
Gesamthubraum effektiv	1897 cc
Motorleistung*	105 PS/5700 U/min. (120 HP nach SA
Drehzahl bei 100 km/std.	3370 U/mi
Höchstdrehzahl	6000 U/mi
Verdichtung	8,5
Vergaser	2 Solex-Register-Flachstromvergas
Ölkühlung	Öl-Wasser-Wärmetausch
Ölfüllung des Kurbelgehäuses	max./min. 4/2,5 L

Fahrwerte

Höchstgeschwindigkeit (je nach Aufbau)	im 1. Gang	50 km/st
	im 2. Gang	76 km/st
	im 3. Gang	ca. 120 km/st
	im 4. Gang	ca. 170–180 km/st
Steigfähigkeit	im 1. Gang	ca. 50
	im 2. Gang	ca. 30
	im 3. Gang	ca. 17
	im 4. Gang	ca. 9,5

Kraftstoff

Kraftstoffnormverbrauch**	8,6 Ltr./100 k
Oktanzahl des Kraftstoffes	Tankstellen-Super- bzw. Benzin-Benzol-Kraftsto mit mind. 89 Oktan nach Research-Methode (RO
Tankinhalt	65 Lt
davon Reserve	ca. 6 L
Motoröl-Verbrauch	0,15 Ltr./100 k

Fahrgestell

Wechselgetriebe	DB-Vierganggetriebe, zwangsvollsynchronisie Knüppelschaltur
Hinterachsübersetzung	1:3
Räder	5 K × 13 unsymmetris
Reifengröße	6,40–13 Spezial R
Batterie	12 V, 56 A
Bremsanlage	Bremstrommeln mit Turbokühlun Bremsbacken mit automatischer Nachstellur

Maße / Gewichte

Größte Länge	4220 m
Größte Breite	1740 m
Größte Höhe, unbelastet (mit Verdeck)	ca. 1320 m
Radstand	2400 m
Spurweite vorn	1430 m
Spurweite hinten	1470 m
Bodenfreiheit	155 m
Wendekreisdurchmesser	ca. 11 m
Fahrzeuggewicht fahrfertig mit Reserve-Rad und Werkzeug	1140 kp
Zulässiges Gesamtgewicht	1400 kp
Nutzlast	260 kp

* Die angegebene Leistung in PS ist nach Abzug aller Nebenleistungen a der Kupplung für den Antrieb des Wagens effektiv verfügbar. Bei de Leistungsangabe in gross-horsepowers sind die Leistungen der zum Mo torbetrieb nicht erforderlichen Nebenaggregate unberücksichtigt.

** Ermittelt bei $^2/_3$ der Höchstgeschwindigkeit (max. 80 km/std.) unte Zuschlag von 10 %.

Lt. VDA-Revers technische Angaben entsprechend DIN 70020 und 7003

Änderungen in Konstruktion und Ausstattung vorbehalte

Ihr guter Stern auf allen Straßen

DAIMLER-BENZ AKTIENGESELLSCHAFT STUTTGART-UNTERTÜRKHEIM

Printed in Germany 316

Rassige Rennpferde paßten gut zum 190-SL-Image — obwohl sich mancher Kunde ein wenig mehr Leistung gewünscht hätte. Aber der 190er war eben kein 300er . . .

Links: Einige Neuerungen verriet dieses Prospektblatt von 1957. Im Großen und Ganzen aber blieb der 190 SL während seiner gesamten Bauzeit 1955—63 unverändert.

Chrom und imposante Abmessungen allein bestimmen nicht den Grad der Repräsentation eines Automobils. Es bekommt seine individuelle Prägung nicht aus der Höhe des Aufwands, sondern aus der Selbstverständlichkeit, mit der es seine Eleganz zur Schau trägt. Der Mercedes-Benz Typ 190 SL repräsentiert durch die überzeugende Harmonie seiner geschmackvollen Karosserie und seiner hohen Leistung. In diesem Wagen vereinigt sich die klassische Form des Coupés mit der ästhetisch durchgebildeten Stromlinie unserer Zeit. Chrom setzt nur Akzente auf den stilvollen Fluß der Linien. Das Coupé, dem man früher einmal die neidvolle Bezeichnung »Wagen der Egoisten« gab, gilt heute – im Zeitalter der Massenmotorisierung – als die individuelle Form zu repräsentieren.

Repräsentation muß aber halten, was sie äußerlich verspricht. Hier geschieht es: Auch die Innenausstattung – vom Bezug der Sitze bis zum farblichen Zusammenklang der verwendeten soliden Materialien – ist sorgfältig durchdacht und zusammengefügt. Sie reisen

Überall, wo das Dach des Coupés auf der Karosserie aufsitzt, ist durch starke Gummiprofile für staubsichere Abdichtung gesorgt. Sieben Verschlüsse halten es absolut fest.

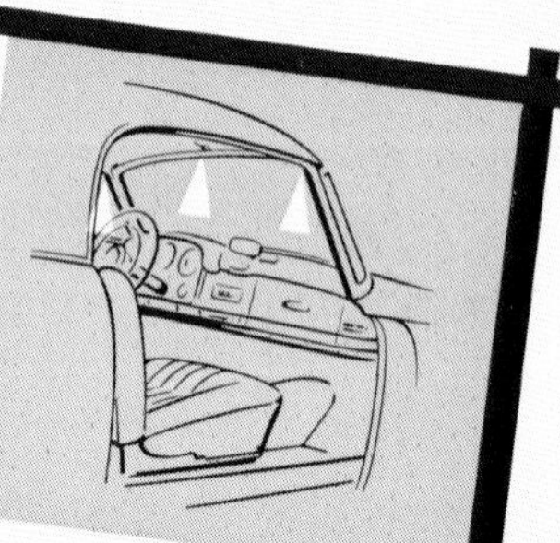

Nach Lösen der Knebelgriffe oberhalb der Windschutzscheibe und der Verschraubung im Heckteil des Fahrgastraumes ist das Coupédach ohne großen Aufwand abzuheben.

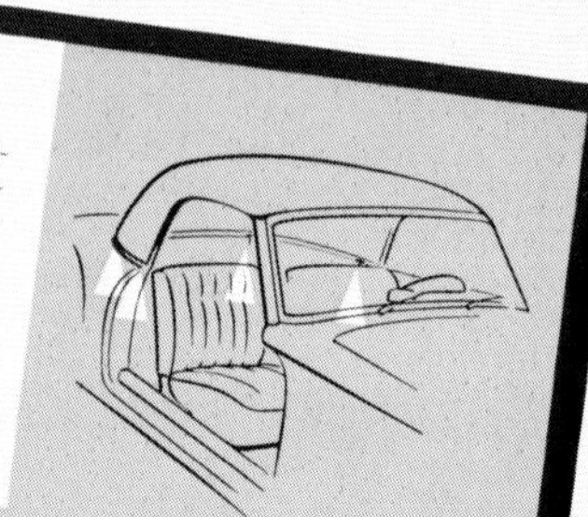

Aus dem repräsentativen Coupé wird so ein eleganter Roadster, dessen voll versenkbares Verdeck Sie nach einfacher Montage leicht öffnen und schließen können.

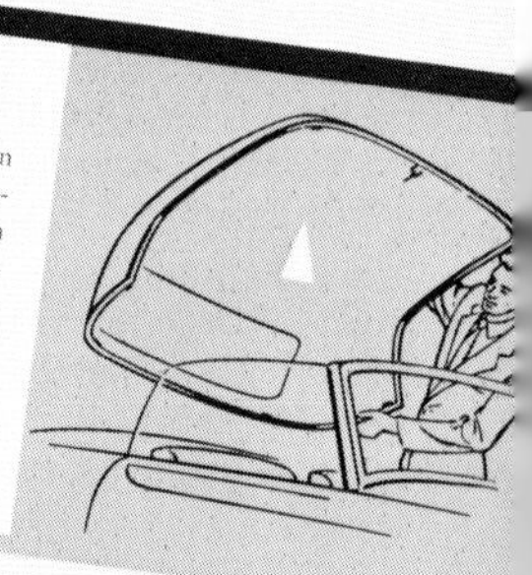

n diesem Wagen mit der Freude an den großen und kleinen Annehmlichkeiten des Auto-
hrens. Und wo immer Sie erscheinen, kennt man Sie sofort als »die Dame oder den
errn mit dem 190 SL«.

Sehr viel Mühe hatte Daimler-Benz darauf verwendet, dem 190 SL eine gewisse Ähnlichkeit mit dem 300 SL zu geben. Besonders in der Frontansicht war das gelungen.

Rassiges Temperament

Das Getriebe des Typ 190 SL ist in allen vier Vorwärtsgängen zwangssynchronisiert und durch den direkt am Getriebetunnel angebrachten Schalthebel sportlich-schnell und leicht zu schalten. Seine ausgezeichnete Abstufung läßt diesen temperamentvollen Wagen die hohe Beschleunigung erreichen. Dabei kann der 2. Gang bis ca. 76 km/std, der 3. Gang bis ca. 120 km/std ausgefahren werden. Keine Steigung kann den kraftvollen Motor überfordern. Außergewöhnlich hohe Reisedurchschnitte werden Ihnen so zu einer Selbstverständlichkeit, die Ihre eiligen Fahrten angenehm verkürzt.

Der Motor war von dem 1951 vorgestellten Sechszylinder abgeleitet. Der ohc-Vierzylinder wies aber einen geringeren Kolbenhub auf. Zwei Solex-Doppelvergaser sorgten für die Gemischaufbereitung.

Leistung und Schönheit

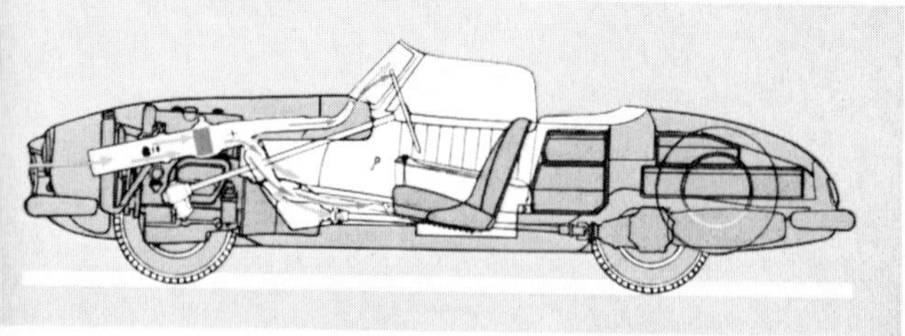

Mit Ihrem Typ 190 SL sind Sie vom ersten Kilometer an vertraut; Sie beherrschen ihn mühelos bei jeder Geschwindigkeit. Tachometer mit Tageskilometerzähler, Drehzahlmesser, Kühlwasserthermometer und Öldruckmesser sind mit einem Blick zu erfassen und sämtliche Bedienungsorgane spielend leicht zu betätigen. Kurz, alles, was das Fahren erfordert und erleichtert – und dazu gehört auch die Lichthupe –, ist sicht- und griffnahe vor Ihnen angeordnet. Als akkustisches Warnsignal entspricht das Starktonhorn dem sportlichen Charakter des Wagens. Auch die Dinge, die Ihrer Bequemlichkeit dienen, sitzen am richtigen Ort – Leselampe, Zigarrenanzünder, Aschenbecher, der abblendbare Rückspiegel, Heizung und Lüftung sowie die Zeituhr auf dem Deckel des großen verschließbaren Handschuhkastens. Das Ergebnis: Sie fühlen sich auch bei scharfer Fahrweise stets behaglich sicher, weil die Schnelligkeit des Wagens weder auf Kosten seines Komforts noch Ihrer Sicherheit geht.

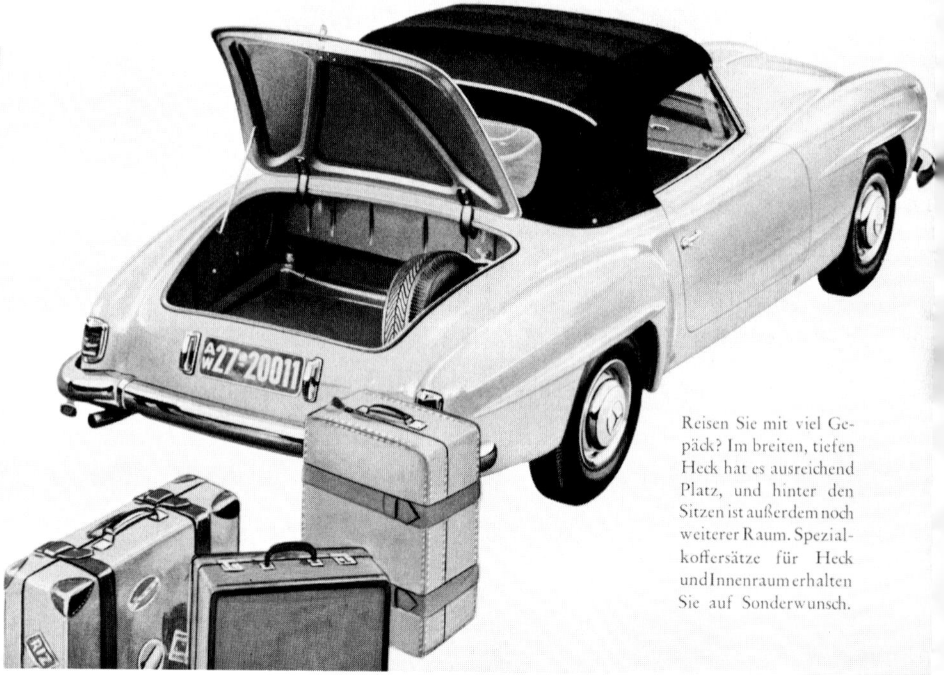

Reisen Sie mit viel Gepäck? Im breiten, tiefen Heck hat es ausreichend Platz, und hinter den Sitzen ist außerdem noch weiterer Raum. Spezialkoffersätze für Heck und Innenraum erhalten Sie auf Sonderwunsch.

Ein knochenharter Roadster war der 190 SL keineswegs. Er war ein komfortabler Wagen mit ausreichenden Platzverhältnissen — und daher ein bevorzugter Damenwagen.

Ein Wagen für das ganze Herz . . .

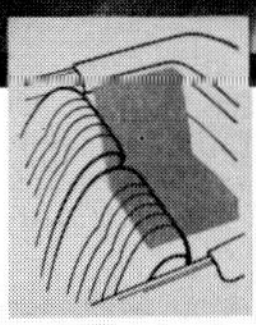

Daß Autofahren auch heute nicht nur Mittel zum Zweck, sondern echte Freude, sportlicher Genuß und romantisches Vergnügen sein kann – im Typ 190 SL Roadster wird es gegenwärtig.
An diesem Wagen werden Sie mit Ihrem ganzen Herzen hängen, wenn Sie einmal seine Vorzüge und das Gefühl der Überlegenheit ausgekostet haben, die seine bestechende Straßenlage bei jeder Geschwindigkeit verleiht. Oder Sie genießen Ihre Reise als einen erholsamen Streifzug durch die Natur mit Licht, Luft und Sonne als willkommenen Begleitern. Weite Entfernungen stören Sie nicht, denn der Komfort dieses schnellen Wagens macht Ihnen jeden Kilometer zur Freude. Das schnell aufklappbare Verdeck schützt Sie vor unliebsamen Überraschungen bei plötzlichem Wetterwechsel. Die bequemen Sitze geben auch bei scharfer Kurvenfahrt festen Halt. Für Fahrten zu dritt kann der Fond auf Sonderwunsch mit einem schnell montierten Behelfssitz quer zur Fahrtrichtung ausgestattet werden. Neuerdings wird, wie das Coupé, auch der Roadster mit Chromzierstäben oben und unten an den Türen und auf den Schmutzabweisern sowie mit einem Steinschlagschutz ausgestattet.

Wenn Sie dann abends auf den Boulevards der großen Städte mit Ihrem eleganten Roadster »promenieren«, sagen es Ihnen die bewundernden Blicke: Sie haben mit Geschmack und Wissen gewählt.

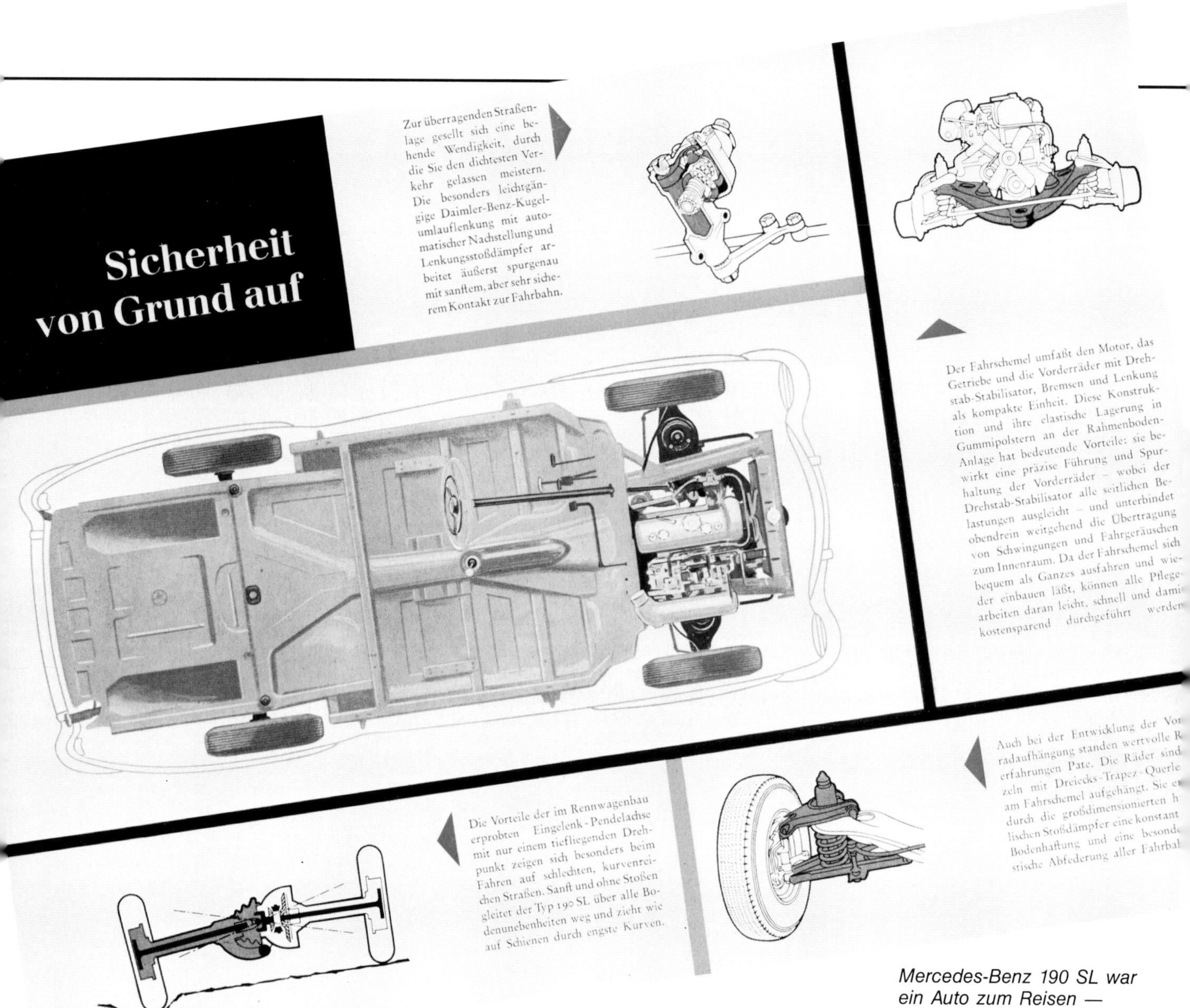

Viel Wert war auf eine angenehme Federungsabstimmung gelegt worden. Der Mercedes-Benz 190 SL war ein Auto zum Reisen — kein Auto zum Rasen! Als Reisewagen wurde er auch in der Werbung immer wieder herausgestellt.

Coupé -
die individuelle
Form
zu repräsentieren

In voller Fahrt demonstriert: Der typische Fahrschemel und die geniale Radaufhängung. Dennoch standen technische Argumente in der Sales Promotion nie im Vordergrund.

Der Wagen rechts hat die bequemen Polstersessel, mit denen das Hardtop-Modell ausgeliefert wurde. Gegen Aufpreis wurde der Hardtop-Ausführung (das Dach war stets abnehmbar) ein Stoffverdeck beigegeben.

Nicht nur die reiche Ausstattung des 190 SL würde einem großen Reisewagen alle Ehre machen, auch die für einen Tourensportwagen ungewöhnliche Raumfülle vermutet man bei diesem schnittigen und langgestreckten Fahrzeug kaum. Im 190 SL können Sie zu jeder Fahrt ohne Platzsorgen starten, denn der Kofferraum und der große Raum hinter den Vordersitzen nehmen eine Menge Gepäck auf. Sie packen einfach ein, was Sie brauchen und müssen sich nicht mehr mit der Auswahl dringend benötigter Dinge plagen. Der Längsschnitt durch den 190 SL zeigt Ihnen aber noch mehr: Sie sehen hier einmal deutlich den äußerst stabilen Aufbau der Karosserie. Das ist eben Sindelfinger Qualität! Man hat sich bei Mercedes-Benz nicht allein damit begnügt, für ein sportliches Fahrzeug ein reizvolles Kleid zu entwerfen, sondern man war bestrebt, das Optimum an Schönheit, Zweckmäßigkeit und höchster Sicherheit zu erzielen. Das Ergebnis dieser Bemühungen ist einer der elegantesten und sichersten Tourensportwagen, die die Welt heute kennt: der 190 SL

S-E 404

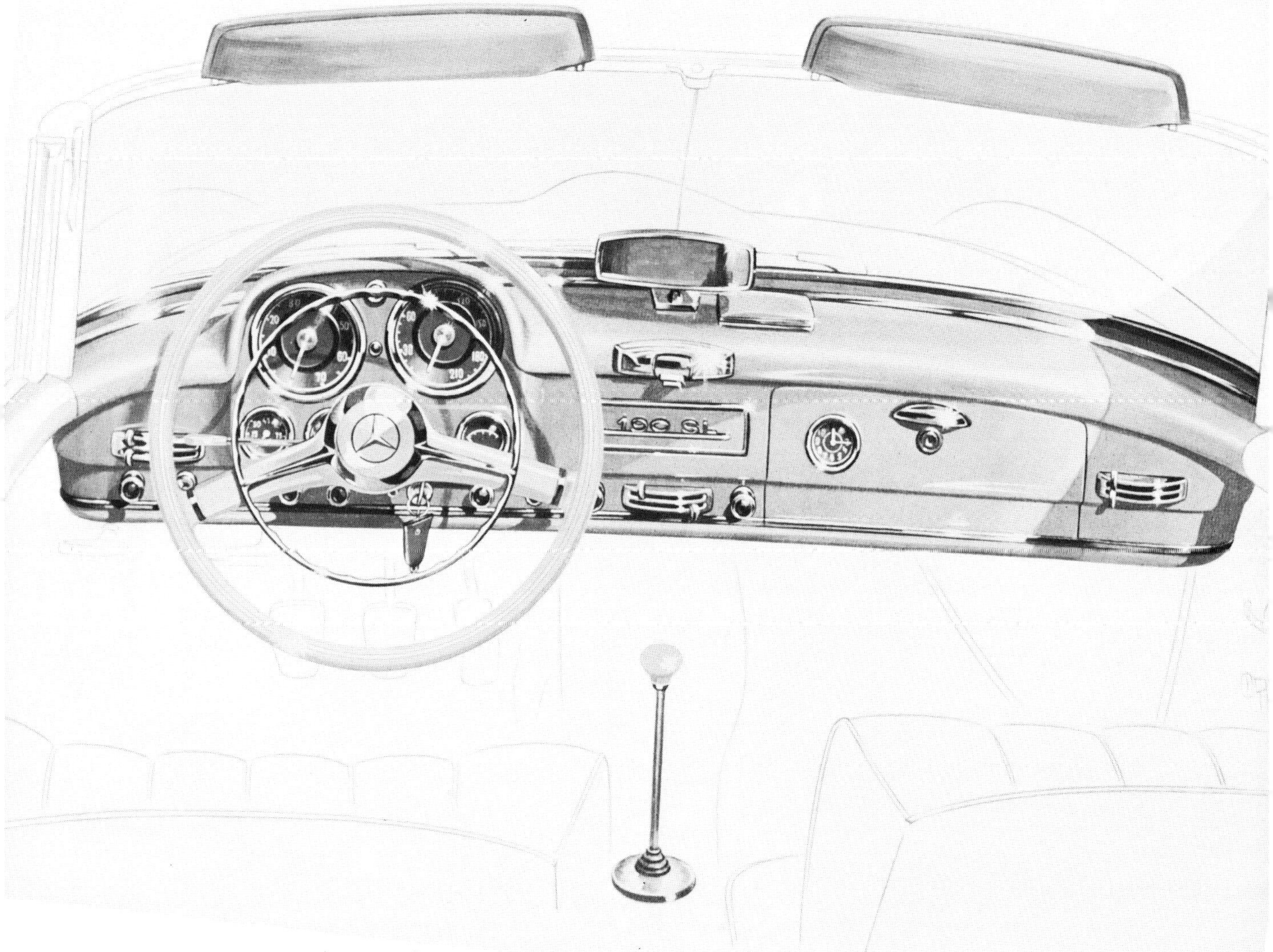

Der ,,Arbeitsplatz" im 190 SL war geprägt von zwei gut ablesbaren Rundinstrumenten (für Drehzahl- und Geschwindigkeitskontrolle); die Zeituhr im Deckel des Handschuhfachs gab es ab 1959.

B-VA 63

Hier stellt sich Ihnen der 190 SL als Coupé vor. In dieser repräsentativen Form, sozusagen in seinem Festtagsgewand, hat das rassige Fahrzeug nichts von seinem Temperament verloren – und an Eleganz noch gewonnen. Wo immer Sie auch erscheinen, erregen Sie mit dem bildschönen Wagen Aufsehen – ob Sie nun geschäftlich oder privat unterwegs sind, ob Sie bei Kunden oder bei Ihren Freunden vorfahren. Und die Anerkennung, die man Ihrem 190 SL-Coupé zollt, gilt auch Ihrem sicheren Geschmack. Aber nicht nur die Ästhetik seiner Linien, auch die reichhaltige Innenausstattung betont beim Coupé den repräsentativen Charakter: Polsterbezüge aus echtem, sorgfältig ausgewähltem Leder geben dem Fahrgastraum eine gepflegte Atmosphäre. Die vielen Vorzüge des 190 SL – seine traumhaft sichere Straßenlage, der reich ausgestattete Innenraum, sein Finish bis ins letzte Detail – finden im Coupé ihre Krönung durch die distinguierte äußere Erscheinung. Zu einem solchen Wagen wird man Sie überall beglückwünschen.

Abnehmbares Coupédach

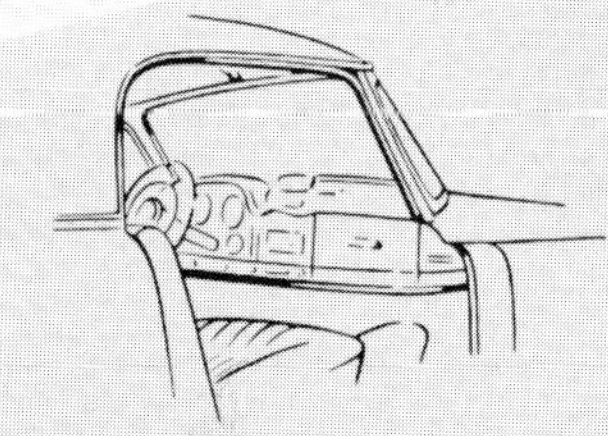

Überall, wo das Dach des Coupés auf der Karosserie aufsitzt, ist durch starke Gummiprofile für eine staubsichere Abdichtung gesorgt.

Nach Lösen der Knebelgriffe oberhalb der Windschutzscheibe und der Verschraubung im Heckteil ist das Coupédach ohne Aufwand abzuheben.

Aus dem repräsentativen Coupé wird so ein eleganter Roadster, dessen voll versenkbares Verdeck (auf Sonderwunsch) Sie nach einfacher Montage leicht öffnen und schließen können.

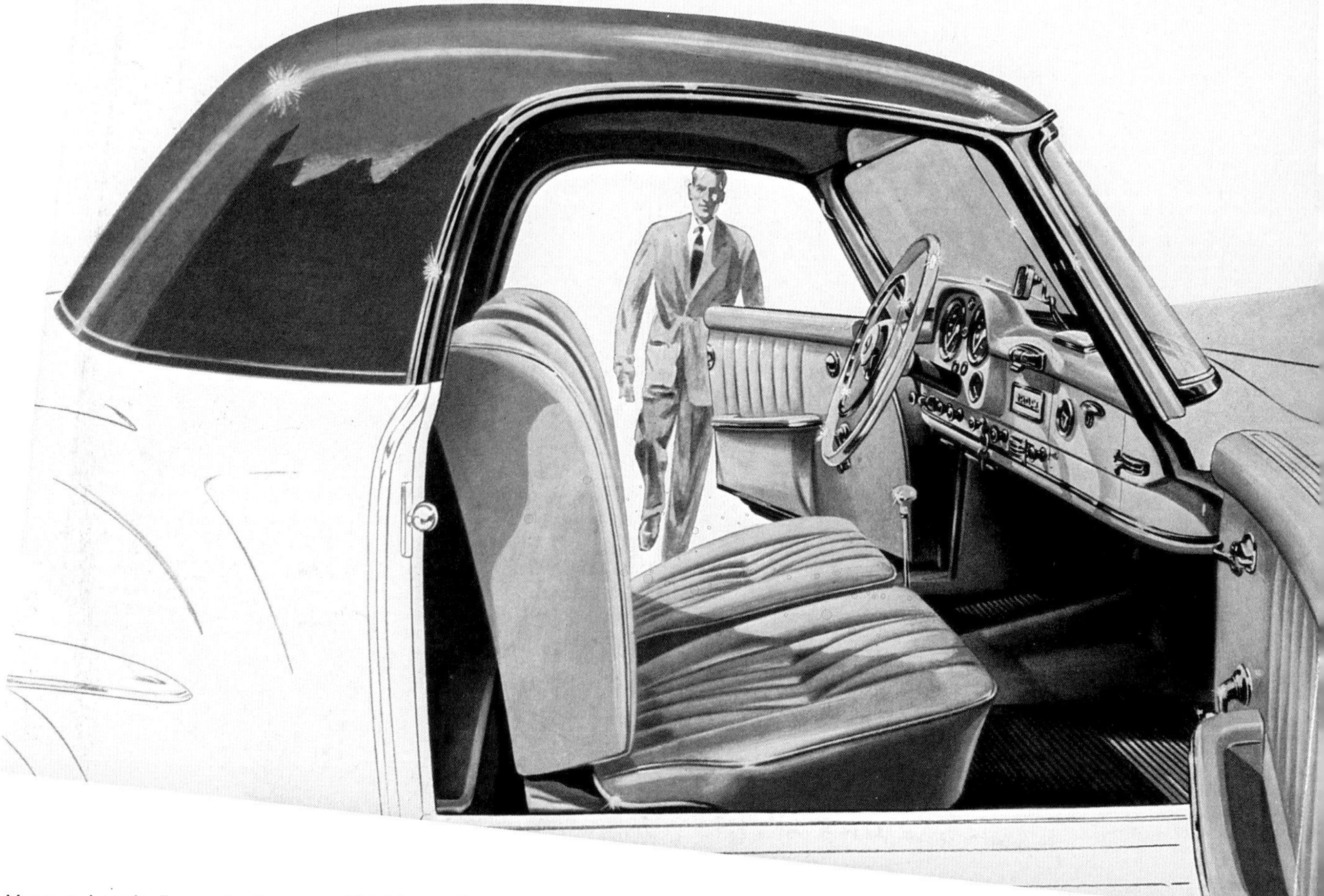

Vorangehende Doppelseite:
Das 190 SL Coupé in seiner ganzen Pracht, dargestellt in einem ,,Mercedes-Benz-Katalog von 1960.

Abbildung oben:
Recht einladend wirkt hier das Interieur. Der kleine Notsitz im Fond war als Extra erhältlich.

Steigen Sie doch einmal ein in den 190 SL. Es fällt schwer, zu entscheiden, was mehr beeindruckt: die bis ins kleinste durchdachte und gestaltete Inneneinrichtung oder die saubere und gediegene Verarbeitung des Materials. Der großzügige Komfort steht dem eines schweren Tourenwagens in nichts nach. Welch ein Unterschied zwischen den spartanisch ausgerüsteten sportlichen Wagen der zwanziger Jahre und der Ausstattung eines 190 SL! Wie nach Maß sind die (beim Roadster mit MB-Tex bezogenen) weichgepolsterten Sitze gearbeitet, die auch bei scharfer Fahrt festen Halt geben. Mühelos sind sie auch während der Fahrt in Längsrichtung zu verstellen; die Lehnen lassen sich außerdem in drei Schräglagen arretieren. Auf den als Armlehnen und als Türziehgriffe ausgearbeiteten, gepolsterten Türtaschen ruhen Ihre Arme bequem. Und alles hat seinen richtigen Platz – Ascher, Zigarrenanzünder, Kartenleselampe, die Bedienungshebel für Lüftung und Heizung, Fensterkurbeln, Türgriffe – alles ist in handlicher Nähe angeordnet. In diesem Wagen reisen Sie stets mit der Freude an den großen und kleinen Annehmlichkeiten des Autofahrens.

Türtaschen und Behelfssitz im Fond

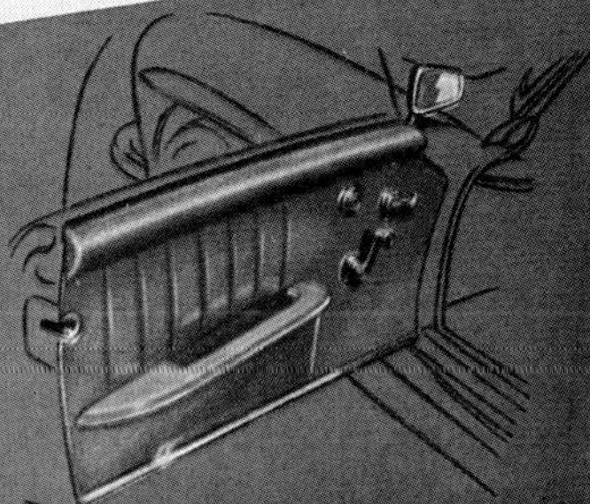

Die Türen sind innen beim Coupé mit Leder, beim Roadster mit MB-Tex (auf Sonderwunsch ebenfalls mit Leder), ausgepolstert. In der großen Türtasche lassen sich noch viele kleine, unentbehrliche Dinge unterbringen.

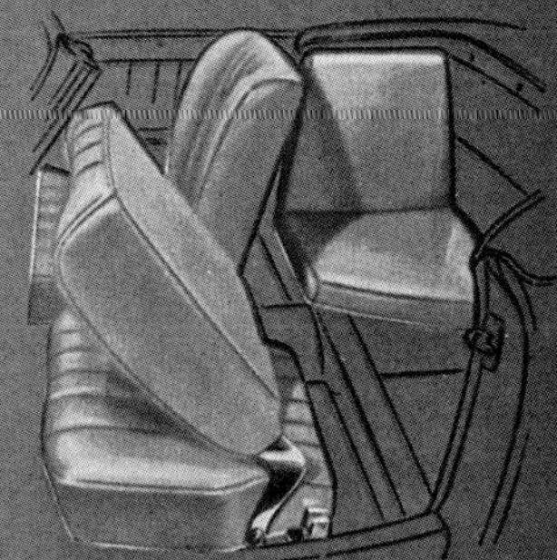

Für Fahrten mit drei Personen kann der Fond auf Sonderwunsch auch mit einem quer zur Fahrtrichtung eingebauten Behelfssitz ausgestattet werden. Er ist schnell ein- oder ausgebaut.

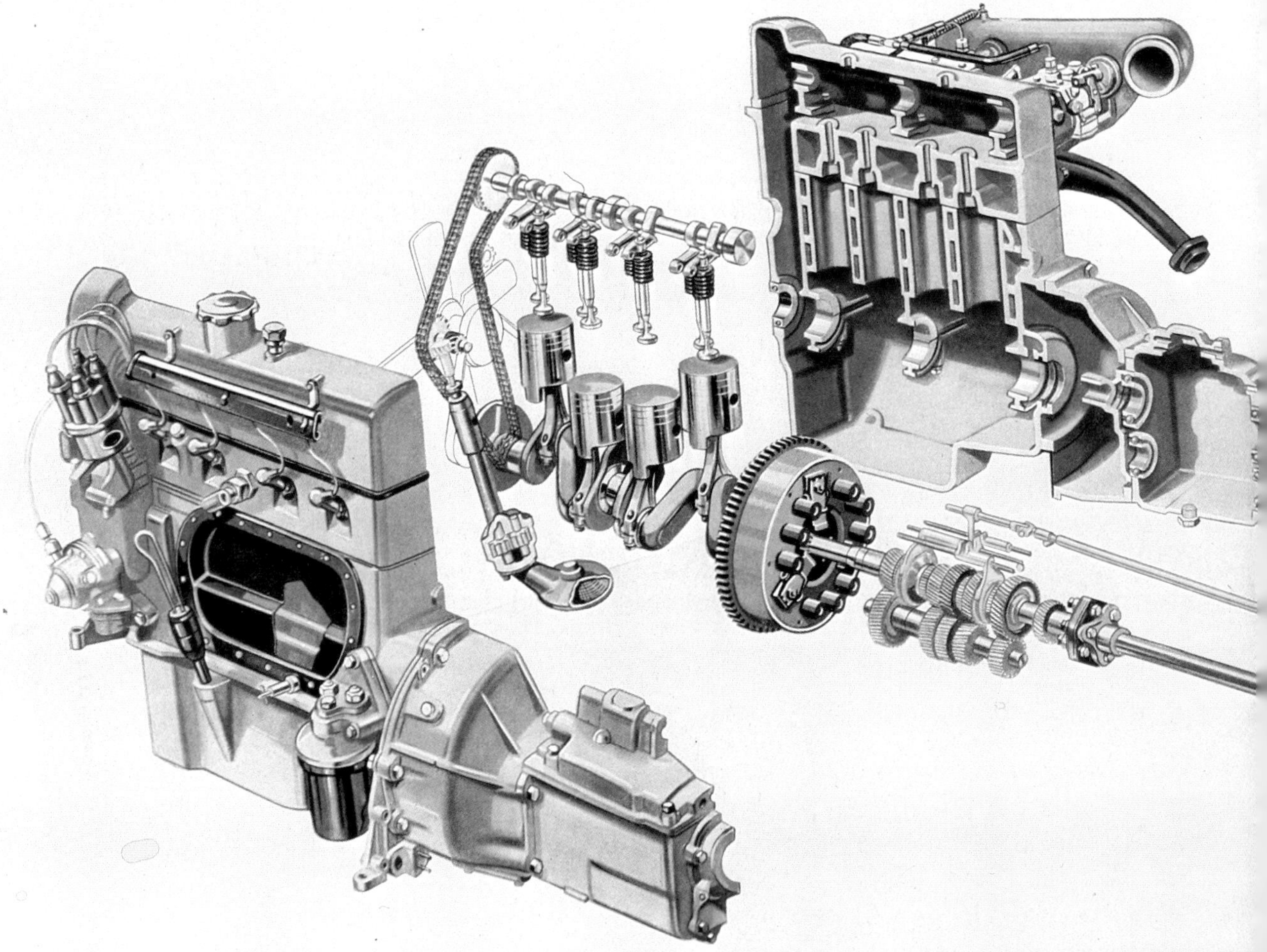

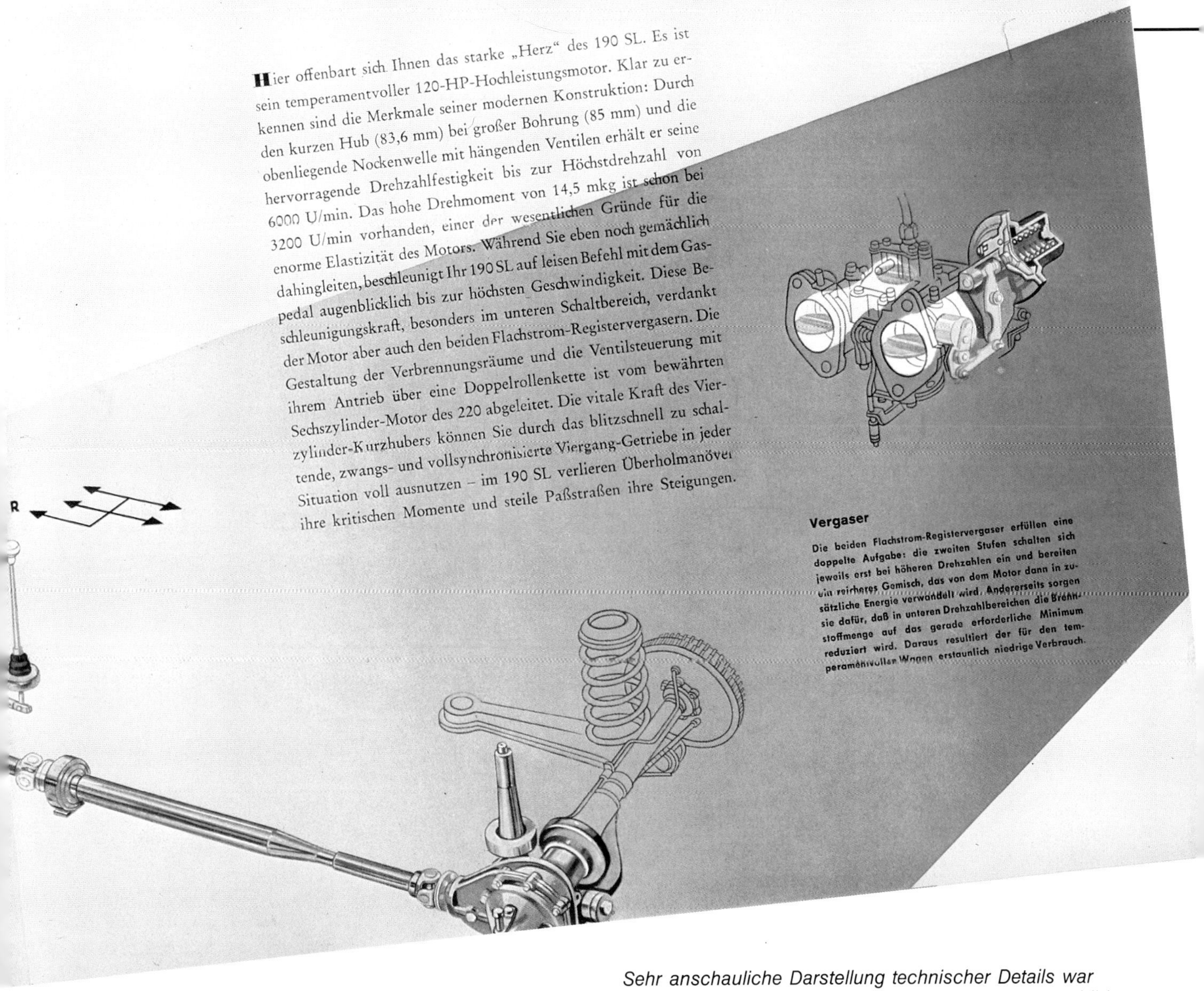

Hier offenbart sich Ihnen das starke „Herz“ des 190 SL. Es ist sein temperamentvoller 120-HP-Hochleistungsmotor. Klar zu erkennen sind die Merkmale seiner modernen Konstruktion: Durch den kurzen Hub (83,6 mm) bei großer Bohrung (85 mm) und die obenliegende Nockenwelle mit hängenden Ventilen erhält er seine hervorragende Drehzahlfestigkeit bis zur Höchstdrehzahl von 6000 U/min. Das hohe Drehmoment von 14,5 mkg ist schon bei 3200 U/min vorhanden, einer der wesentlichen Gründe für die enorme Elastizität des Motors. Während Sie eben noch gemächlich dahingleiten, beschleunigt Ihr 190 SL auf leisen Befehl mit dem Gaspedal augenblicklich bis zur höchsten Geschwindigkeit. Diese Beschleunigungskraft, besonders im unteren Schaltbereich, verdankt der Motor aber auch den beiden Flachstrom-Registervergasern. Die Gestaltung der Verbrennungsräume und die Ventilsteuerung mit ihrem Antrieb über eine Doppelrollenkette ist vom bewährten Sechszylinder-Motor des 220 abgeleitet. Die vitale Kraft des Vierzylinder-Kurzhubers können Sie durch das blitzschnell zu schaltende, zwangs- und vollsynchronisierte Viergang-Getriebe in jeder Situation voll ausnutzen – im 190 SL verlieren Überholmanöver ihre kritischen Momente und steile Paßstraßen ihre Steigungen.

Vergaser

Die beiden Flachstrom-Registervergaser erfüllen eine doppelte Aufgabe: die zweiten Stufen schalten sich jeweils erst bei höheren Drehzahlen ein und bereiten ein reicheres Gemisch, das von dem Motor dann in zusätzliche Energie verwandelt wird. Andererseits sorgen sie dafür, daß in unteren Drehzahlbereichen die Brennstoffmenge auf das gerade erforderliche Minimum reduziert wird. Daraus resultiert der für den temperamentvollen Wagen erstaunlich niedrige Verbrauch.

Sehr anschauliche Darstellung technischer Details war bei Daimler-Benz seit jeher üblich. Bei diesem Motorbild erkennt man deutlich die über eine Rollenkette angetriebene obenliegende Nockenwelle.

Hinter seinem Steuer werden auch die Skeptiker unter den passionierten Autofahrern ihr Herz an den 190 SL verlieren. Denn die Mercedes-Benz-Konstrukteure wissen ganz genau, wie sich die Freunde des sportlichen Fahrens und der individuellen Automobile den „Kommandostand" ihres Wagens wünschen. Das elfenbeinfarbene Lenkrad mit dem praktischen Signal- und Blinkring liegt zuverlässig griffig in der Hand, und die Rechte gelangt wie von selbst auf den kurzen sportlichen Schaltknüppel des Viergang-Getriebes. Im direkten Blickfeld finden Sie die großen, klaren Zifferblätter von Tachometer und Drehzahlmesser; darunter sind die Meßuhren für Kühlwassertemperatur und Öldruck angeordnet, und in bequemer Nähe liegen die Bedienungsknöpfe und -hebel. Nichts beeinträchtigt die ausgezeichnete Sicht durch die großflächige, gewölbte Windschutzscheibe, die selbstverständlich aus Verbundglas besteht. Die angenehme Sitzposition durch die richtig geformten Sitze macht das Fahren im 190 SL vollends zum sportlichen Vergnügen. Die großzügige Ausstattung wird ergänzt durch die Lichthupe, einen geräumigen, verschließbaren Handschuhkasten mit Zeituhr im Deckel, 2 gepolsterte Sonnenblenden (im Gegensatz zur Abbildung auch beim Roadster), Lenkschloß, Kartenleselampe und Innenspiegel. Und zur „inneren" Sicherheit ist das Armaturenbrett über die ganze Breite an der Ober- und Unterseite gepolstert. Am Lenkrad des 190 SL entdecken Sie die liebevolle Mühe, mit der man selbst das scheinbar Nebensächliche durchkonstruiert hat – und es wird Ihnen bewußt, daß der 190 SL in jeder Beziehung hält, was sein Äußeres verspricht.

Heizung und Lüftung

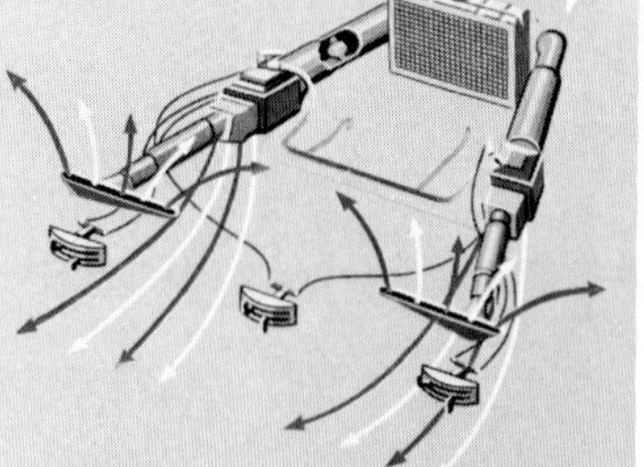

Wettersorgen haben Sie im 190 SL nicht, denn Fahrer und Begleiter können unabhängig von einander für ihren Platz das Klima schaffen, das ihnen am meisten behagt. Vom Sitz aus ist die Frischluftzufuhr in Temperatur, Menge und Verteilung (zum Fußraum oder gegen die Windschutzscheibe) fein einstellbar. Im Stand oder bei langsamer Fahrt sorgt das serienmäßige Entfrostergebläse für schnelle, angenehme Heizung des Innenraums.

1960

Sicherheit von Grund auf

Auch die Heizung im 190 SL war sehr gut — was man bei vielen Sportwagen jener Zeit durchaus nicht immer behaupten konnte . . .

„Sicherheit von Grund auf" war der Leitgedanke bei seiner Konstruktion: das Resultat ist eine seltene Harmonie von Sicherheit, Leistung und Komfort, die Sie mit Ihrem 190 SL erhalten. Seine Sicherheit beginnt mit der Stabilität der Rahmenboden-Anlage, einer außerordentlich verwindungssteifen und dabei hochelastischen Konstruktion. Sicherheit, wie sie für einen schnellen Wagen entscheidend ist, erhält Ihr 190 SL auch durch die Eingelenkpendelachse und die unabhängig aufgehängten Vorderräder. Der besonders tiefliegende Schwerpunkt trägt noch zu dem ausgezeichneten Fahrverhalten dieses sicheren Wagens bei, und seine große Wendigkeit wird voll wirksam durch die besonders leichtgängige Kugelumlauflenkung mit automatischer Nachstellung und Lenkungsstoßdämpfer. Das Beruhigendste aber – zumal für schnelle Fahrer – sind die turbogekühlten Bremsen mit der imponierenden Bremsfläche von 1064 qcm. Sie arbeiten stets zuverlässig, kraftvoll und ohne das gefürchtete „Fading", das Nachlassen der Bremswirkung. Dank des serienmäßigen ATE-Bremsgerätes ist nur ungefähr die Hälfte der Kraft erforderlich, mit der sie normalerweise die Bremsen bedienen müßten. Alle diese Vorzüge tragen dazu bei, daß Sie die hohe Leistung Ihres 190 SL nutzen können, wann und wo Sie es immer wünschen.

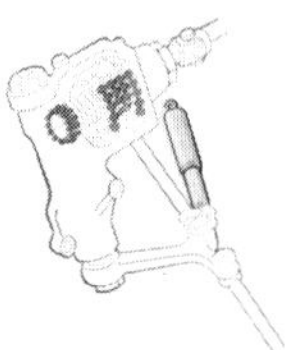

Fahrschemel und Eingelenkpendelachse

Der Hochleistungsmotor Ihres 190 SL ist mit dem Getrie der Vorderradaufhängung und der Lenkung im „Fahrschem zusammengefaßt. Diese praktische Lösung ermöglicht kost sparendes Aus- und Einbauen des ganzen Aggregats zu We tungszwecken und dämpft außerdem etwaige Restschwingung der Vorderradfederung. Die Eingelenkpendelachse hinten nur einem tiefgelegten Drehpunkt wird durch zwei Län lenker geführt. Große eigenreibungsfreie Schraubenfede fangen jeden Fahrbahnstoß ab, ehe er sich auswirken ka

Rahmenboden-Anlage

In dem nebenstehenden Bild erkennen Sie die soliden Kastenprofile, die das Rückgrat für die Rahmenboden-Anlage bilden. Dieser sichere Unterbau reicht über die ganze Wagenbreite und bietet vollen Schutz.

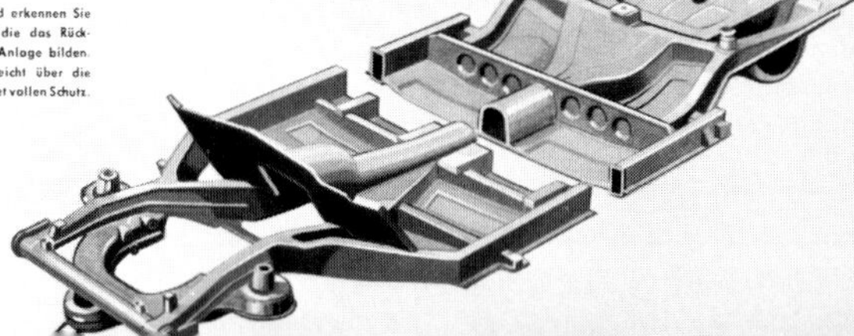

ECHNISCHE DATEN

Maße in mm

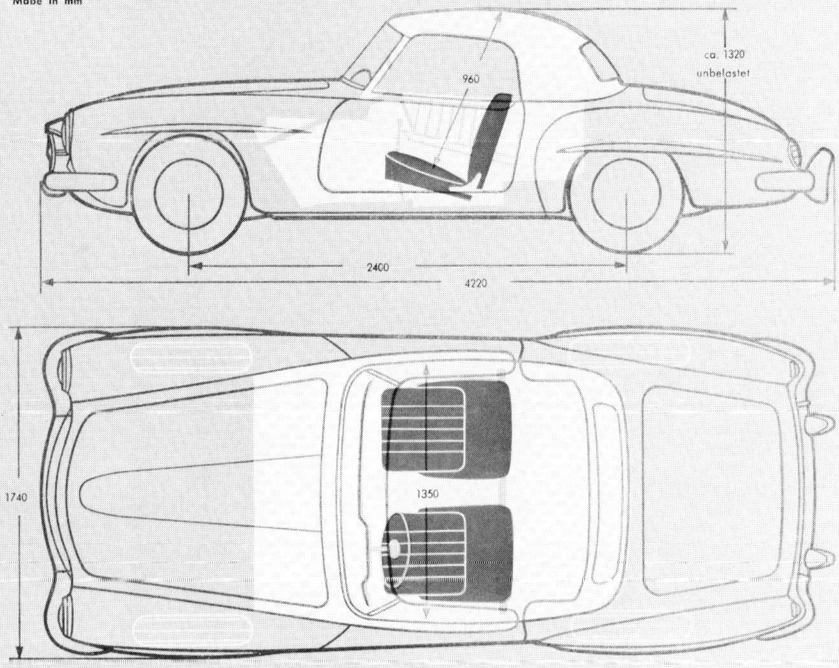

Motor

Zahl der Zylinder	4
Bohrung/Hub	85/83,6 mm
Gesamthubraum effektiv	1897 ccm
Motorleistung *	120 gr. HP/5800 U/min nach SAE 105 PS/5700 U/min nach DIN
Drehzahl bei 100 km/std	3370 U/min
Höchstdrehzahl	6000 U/min
Verdichtung	8,5:1
Vergaser	2 Solex-Register-Flachstromvergaser
Ölkühlung	Öl-Wasser-Wärmetauscher
Ölfüllung des Kurbelgehäuses	max./min. 4/2,5 Ltr.

Fahrwerte

Höchstgeschwindigkeit (je nach Aufbau)		
	im 1. Gang	ca. 50 km/std
	im 2. Gang	ca. 76 km/std
	im 3. Gang	ca. 120 km/std
	im 4. Gang	ca. 170–180 km/std
Steigfähigkeit		
	im 1. Gang	ca. 50 %
	im 2. Gang	ca. 30 %
	im 3. Gang	ca. 17 %
	im 4. Gang	ca. 9,5 %

Kraftstoff

Fahrverbrauch bei durchschnittlichen Überlandfahrten	ca. 8,2–12,3 Ltr./100 km
Kraftstoffverbrauch nach DIN 70030 **	10,9 Ltr./100 km (gemessen bei 110 km/std)
Oktanzahl des Kraftstoffes	Die Werkseinstellung des Motors erfolgt mit handelsüblichem Superkraftstoff von OZ 92 bis 93 nach der Research-Methode (ROZ)
Tankinhalt	65 Ltr.
davon Reserve	ca. 6 Ltr.

Fahrgestell

Wechselgetriebe	DB-Vierganggetriebe, zwangsvollsynchronisiert, Knüppelschaltung
Hinterachsübersetzung	1:3,9
Räder	5 K x 13 unsymmetrisch
Reifengröße	6,40–13 Spezial RS
Batterie	12 V, 56 Ah
Bremsanlage	Bremstrommeln mit Turbokühlung Bremsbacken mit automat. Nachstellung, ATE-Bremsgerät

Maße und Gewichte

Größte Länge	4220 mm
Größte Breite	1740 mm
Größte Höhe, unbelastet (mit Verdeck)	ca. 1320 mm
Radstand	2400 mm
Spurweite vorn	1430 mm
Spurweite hinten	1470 mm
Bodenfreiheit	ca. 155 mm
Wendekreisdurchmesser	ca. 11 m
Fahrzeuggewicht fahrfertig mit Reserverad und Werkzeug	1140 kg
Zulässiges Gesamtgewicht	1400 kg
Nutzlast	260 kg

* Die angegebene Leistung in PS ist, da alle Nebenleistungen bereits abgezogen sind, an der Kupplung für den Antrieb des Wagens effektiv verfügbar.

** Ermittelt bei 3/4 der Höchstgeschwindigkeit (max. 110 km/std) unter Zuschlag von 10 %.

Änderungen in Konstruktion und Ausstattung vorbehalten.

Printed in Germany Ex P 243 459 de

Nur wenige dem 190 SL vergleichbare Wagen hatten ein derart großzügiges Platzangebot aufzuweisen. Katalogseite aus dem Jahre 1959.

Aus einem kleinen Sammelprospekt für das gesamte Mercedes-Benz-Personenwagenprogramm 1957. Der 190 SL nimmt einen wichtigen Platz ein.

Leichtmetalldach
. Nach Lösen der
erschraubung ist
nen. So wird aus
en Coupé mit we-
leganter Roadster.

eunigung, eine Spitzen-
Wendigkeit liegen Sie mit
er vorn. Und selbst beim
— dank seiner aus Renn-
spurgenau auf der Bahn.
nen jeden Augenblick der
en in aller Ruhe genießen.

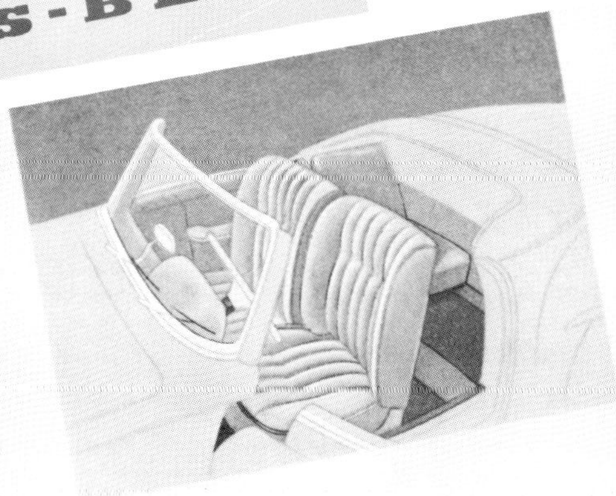

Dieser Wagen erwidert spontan Ihre Sympathie. Er tut alles, um Ihre Bequemlichkeit auch während einer langen Reise vollkommen zu machen; und in dem für einen Tourensportwagen sehr großen Kofferraum reist auch Ihr umfangreiches Gepäck bequem und sicher mit.

Auto zum Verlieben

Als Coupé oder als Roadster — immer haben Sie mit dem 190 SL auch seinen Raum- und Fahrkomfort mitgewählt: Sicheren Halt geben die bequemen Polstersitze, und im Fond kann auf Wunsch ein dritter Sitz quer zur Fahrtrichtung eingebaut werden. Die auf jeder Seite des Armaturenbretts getrennt einstellbare Heizung und Lüftung sorgt stets für angenehmes Klima. Weitere Annehmlichkeiten, wie ein ATE-Bremsgerät, Entfroster- und Heizgebläse, Lichthupe und Starktonhorn, geben dem 190 SL die Ausstattung eines komfortablen Tourenwagens. Auf dem Armaturenbrett finden Sie alle Instrumente und Bedienungshebel so blick- und handgerecht angeordnet, daß Sie sofort mit ihnen vertraut sind.

Eine Kuriosität ist dieser Prospekt von 1959. Er wendet sich an britische Soldaten, in Deutschland stationiert, doch die Fotos waren auf einem amerikanischen Luftstützpunkt gemacht worden. Die Wagen trugen zum Teil US-Kennzeichen.

Mit amerikanischen Attributen für Engländer

Werksfoto vom 190 SL. Die Linienführung ist zeitlos elegant — kein Wunder, daß der Wagen auch heute noch ein gefragtes Liebhaberauto ist.

Auch dieses Bild (gegenüberliegende Seite) entstammt jener Fotoreihe, die Daimler-Benz 1958 zu Werbe- und Pressezwecken anfertigen ließ.

Eleganz und Rasse

Mochte die Frontpartie des 190 SL der des 300 SL nachempfunden sein, so hatte das Heck doch seine eigene Formcharakteristik bekommen.

Bis zum Modelljahr 1959 wies das Hardtop das kleine Rückfenster auf. Die Größe erachtete man damals als ausreichend!

Roadster

Der 190 SL wird als Tourensportwagen bezeichnet. Sport will dabei im Ur-Sinn des Wortes verstanden sein: vom lateinischen disportare her als Entspannung — gleichzeitig als Bereitschaft zu einer neuen, einer persönlichen Spannung. Mit diesem Wagen fahren Sie nicht einfach von A nach B, vorüber an einer filmartig aufblendenden und wieder verschwindenden Kulisse von Wäldern und Dörfern, von Wiesen und Äckern — Sie erleben vielmehr die Landschaft unmittelbar. Dabei stellt der 190 SL, obwohl ein Automobil für anspruchsvolle Fahrer, von sich aus keine besonderen Ansprüche an Ihre Fahrkunst. Er fährt sich leicht, weil seine Straßenlage dank der unabhängigen Aufhängung aller vier Räder und dank dem tiefen Schwerpunkt vorzüglich ist, weil die Lenkung auf Ihre leiseste Bewegung exakt reagiert und weil in jeder Situation eine große motorische Kraftreserve zu Ihrer Verfügung steht — ein Automobil für Menschen, die Freude am Fahren haben.

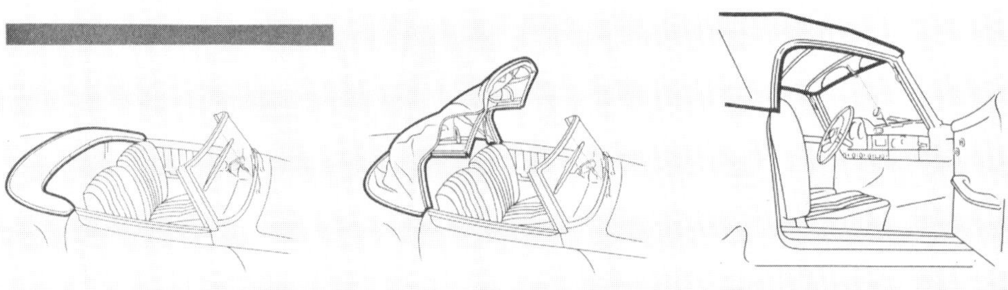

Das Faltdach des 190 SL war von guter Qualität — Regen und Wind hatten keine Chance, die Insassen zu belästigen . . .

Mit wenigen Handgriffen wird aus dem Roadster ein geschlossener Wagen, der damit nichts von seiner eleganten Linie verliert. Mit einer einzigen Bewegung nach vorn wird das Verdeck bis an die Oberkante der Windschutzscheibe gezogen und dort mit den beiden Knebelverschlüssen befestigt. Das ergibt nicht etwa ein zugiges und tropfendes »Zelt«, sondern ein wetterfestes Dach, unter dem man geborgen und geschützt gegen Regen, Schnee und Wind weiterfährt.

1960

Wie ein gut gearbeiteter Maßanzug

Coupé

Der 190 SL ist ein repräsentatives Automobil. Das zeigt er schon als Roadster. Den Punkt auf das I aber setzt das — wahlweise abnehmbare — Coupédach. Es bietet vollkommenen Wetterschutz, vor allem auch im Winter. In seiner ästhetisch vollendeten Linienführung unterstreicht es noch die sportliche Note des Fahrzeugs. — »Autos machen Leute«, hat einmal jemand das bekannte Sprichwort abgewandelt. Wer das übertrieben findet, der wird jedoch zugeben, daß ein schöner Wagen die Daseinsfreude des Besitzers steigert und damit — in gutem Sinne — sein Selbstgefühl hebt. Und wer im Leben etwas darstellt, der betont mit der Wahl gerade des 190 SL seine Persönlichkeit. — Der 190 SL »sitzt« wie ein gut gearbeiteter Maßanzug. Genauso werden Sie sich in ihm auch fühlen, in Ihrem Wagen, dessen Eleganz so selbstverständlich wirkt. Seine wahre Klasse aber werden Sie erst dann ganz auskosten, wenn Sie während der Fahrt viel von ihm verlangen. Auch der sehr anspruchsvolle Fahrer wird feststellen: Der 190 SL läßt ihn in keiner Situation im Stich.

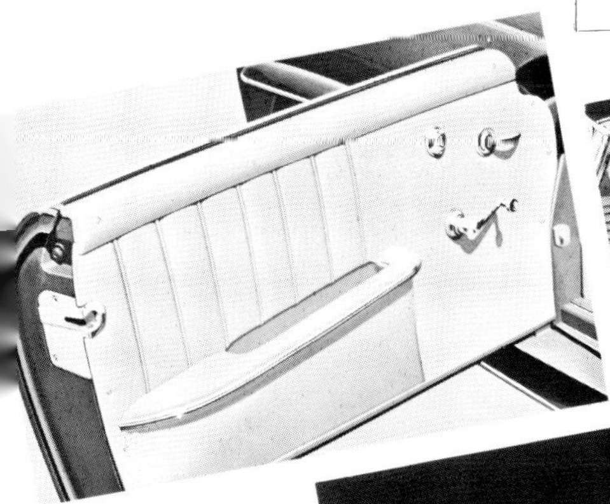

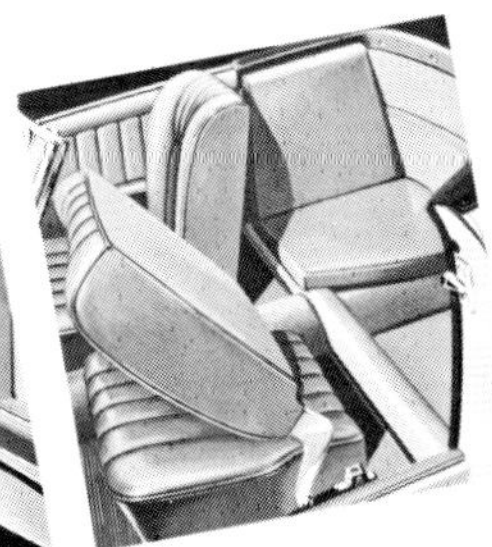

Der 190 SL war ein Prestige-Automobil, ein idealer Zweitwagen für Haushalte, in denen dio Frau Gemahlin Wert auf einen eigenen, schicken Zweisitzer Wert legte . . .

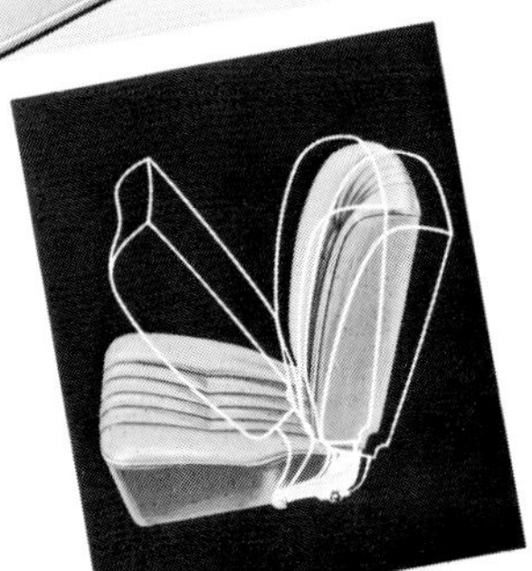

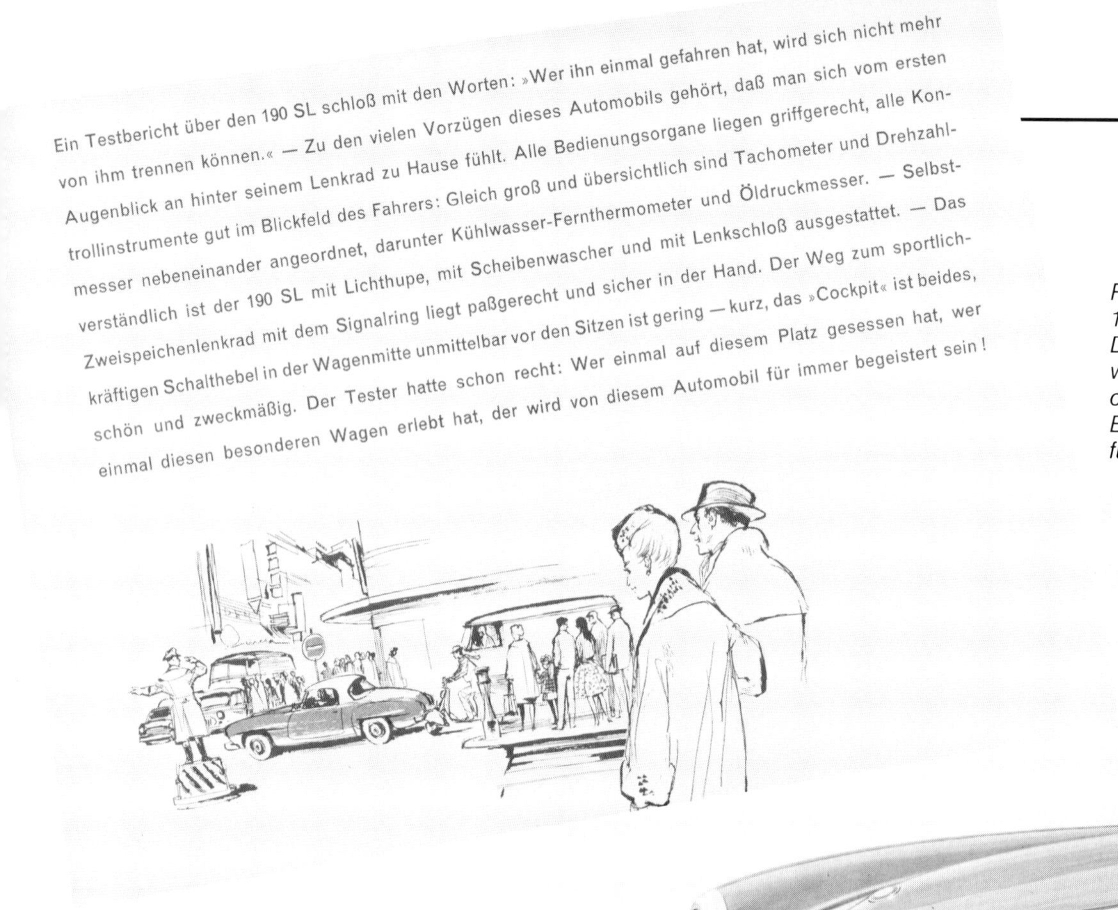
Ein Testbericht über den 190 SL schloß mit den Worten: »Wer ihn einmal gefahren hat, wird sich nicht mehr von ihm trennen können.« — Zu den vielen Vorzügen dieses Automobils gehört, daß man sich vom ersten Augenblick an hinter seinem Lenkrad zu Hause fühlt. Alle Bedienungsorgane liegen griffgerecht, alle Kontrollinstrumente gut im Blickfeld des Fahrers: Gleich groß und übersichtlich sind Tachometer und Drehzahlmesser nebeneinander angeordnet, darunter Kühlwasser-Fernthermometer und Öldruckmesser. — Selbstverständlich ist der 190 SL mit Lichthupe, mit Scheibenwascher und mit Lenkschloß ausgestattet. — Das Zweispeichenlenkrad mit dem Signalring liegt paßgerecht und sicher in der Hand. Der Weg zum sportlich-kräftigen Schalthebel in der Wagenmitte unmittelbar vor den Sitzen ist gering — kurz, das »Cockpit« ist beides, schön und zweckmäßig. Der Tester hatte schon recht: Wer einmal auf diesem Platz gesessen hat, wer einmal diesen besonderen Wagen erlebt hat, der wird von diesem Automobil für immer begeistert sein!

Ringgeheftet war dieser 190-SL-Katalog ab 1960. Die Grafik verlor sich in weiträumigen, weißen Flächen — das entsprach der Eleganz des Fahrzeugs, für den der Katalog warb.

1959

Hinter dem Lenkrad wie zuhause

Von 1955 bis 1962 blieb das Armaturenbrett so gut wie unverändert. Die Modellkonstanz wurde sogar vom amerikanischen Markt akzeptiert . . .

Wer viel bei schlechtem Wetter unterwegs ist, weil er unterwegs sein muß, wer aber zugleich mit seinem besonderen Wagen, seinem 190 SL, in besonderer Weise repräsentieren will, der wählt das Coupé. Das jederzeit aufsetzbare und abnehmbare Dach mit der neuartigen zugfreien Dauerentlüftung macht aus dem »jugendlichen« Fahrzeug den Repräsentationswagen des Junggebliebenen. — Der vornehm unaufdringlichen äußeren Schönheit des Coupés entspricht die Innenausstattung von gediegener Eleganz, bei der jedes Einzelteil »vom Besten« ist. Polsterbezüge aus sorgfältig ausgesuchtem Leder bestimmen die Atmosphäre von kultivierter Behaglichkeit, zu der die handgerechte Anbringung von Ascher, Zigarrenanzünder, Kartenleselampe, Bedienungshebel für Lüftung und Heizung, von Fensterkurbeln und Türgriffen beiträgt. Eine Zeituhr in der Klappe des geräumigen, verschließbaren Handschuhfaches ist für Fahrer und Beifahrer gleich gut ablesbar. Das Wort Komfort wird hier groß geschrieben, und der Stil dieses Wagens zeigt sich auch in den Kleinigkeiten.

Das Coupédach, mit starken Gummiprofilen staubsicher abgedichtet, kann nach Lösen von Knebelgriffen und Verschraubungen abgenommen werden. So verwandelt sich das repräsentative Coupé in den eleganten Roadster mit — auf Sonderwunsch — vollversenkbarem Verdeck. Mit ihrem 190 SL besitzen Sie dann zwei Wagen.

Exklusiv gab sich der eigens für den 190 SL maßgeschneiderte Koffersatz. Solche Extras stellten eine alte Daimler-Benz-Tradition dar — es gab sie schon für den Vorkriegs-500 K!

Ohne großen Aufwand wurde aus dem Coupé ein Roadster, wenn man das Hardtop abnahm. Neu für 1959: Das große Panorama-Rückfenster.

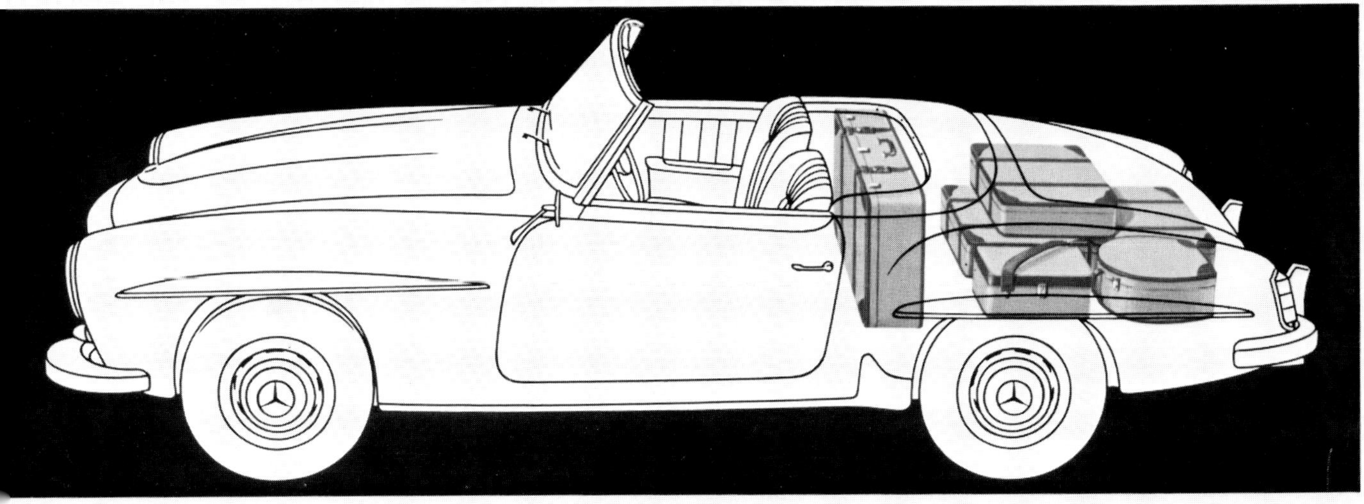

BB - A 716

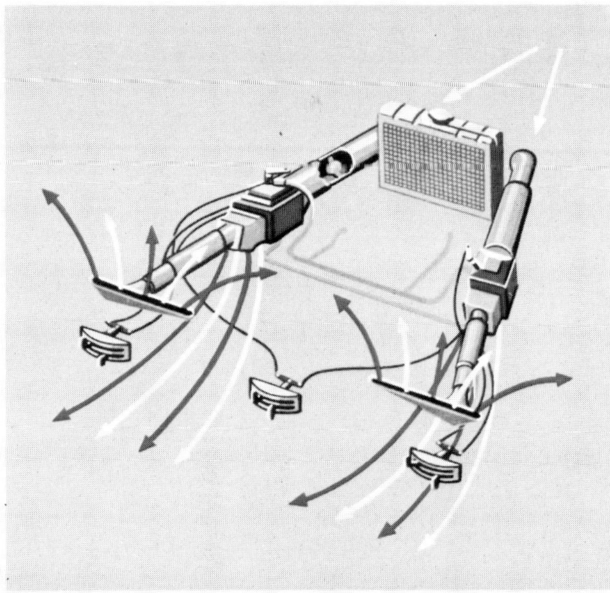

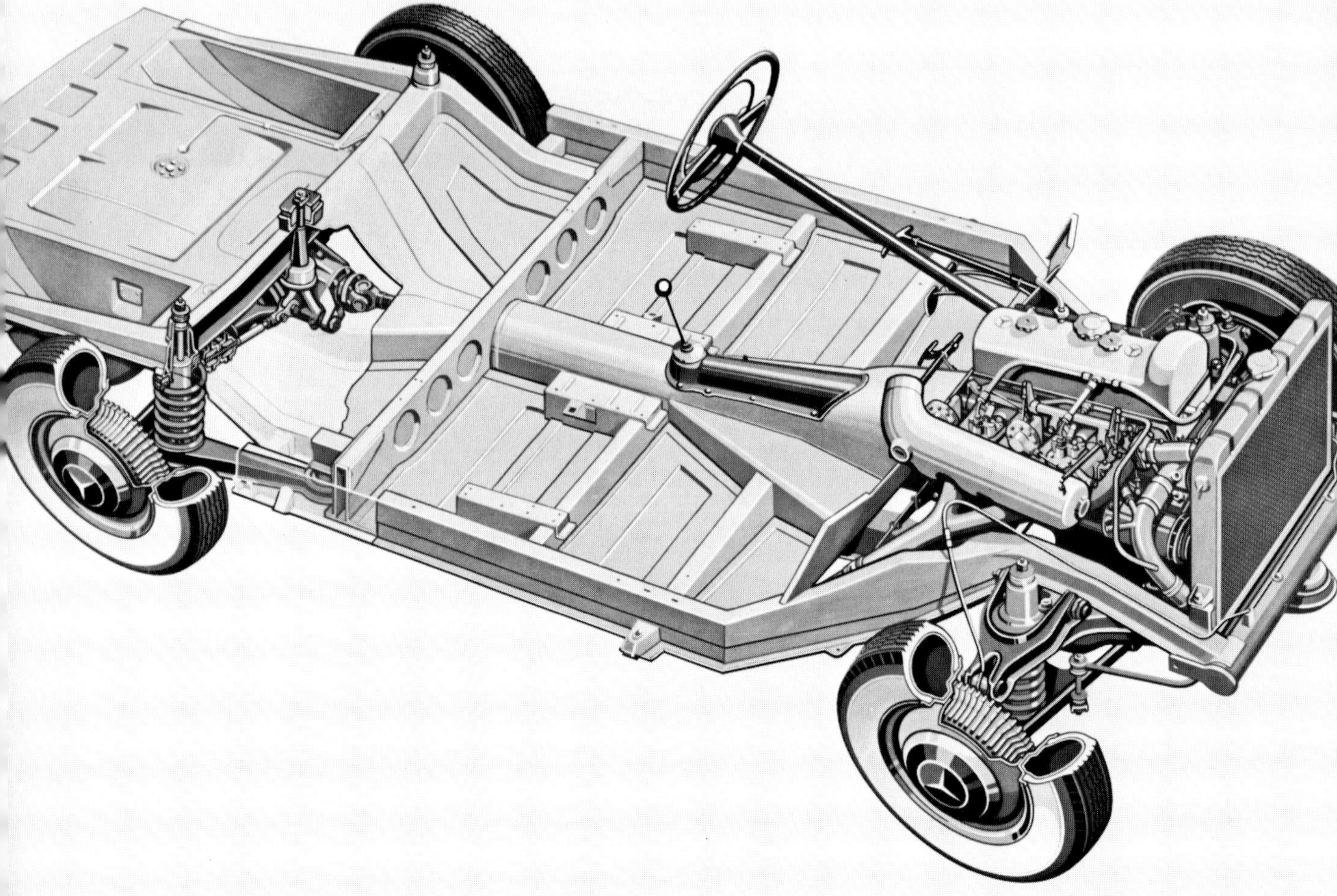

Enorm stabil wirkte die Rahmen-Boden-Konstruktion, die dem ganzen Fahrzeug eine weitgehende Verwindungssteifheit gab.

Sicherheit von Grund auf

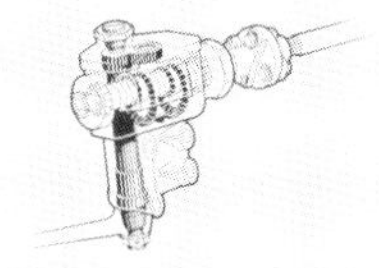

Die leichtgängige Mercedes-Benz-Kugelumlauflenkung stellt sich automatisch nach und hält durch ihren Lenkungsstoßdämpfer alle Fahrbahnstöße vom Fahrer fern.

Der 190 SL ist ein schönes, ein elegantes Automobil, er ist schnell und voller Temperament. Diese Vorzüge bekommen aber erst Wert und Gewicht dadurch, daß der 190 SL auch ein von Grund auf sicheres Automobil ist. Auch er ist auf der berühmten Rahmenbodenanlage aufgebaut, die in Verbindung mit der mittragenden Karosserie dem Fahrzeug seine außerordentliche Stabilität gibt. Entscheidend für die Fahrsicherheit sind die Einzelaufhängung und Abfederung der Vorderräder an Querlenkern und Schraubenfedern, ihre Neigungsdämpfung durch den Drehstab-Stabilisator; der tiefliegende Drehpunkt der MB-Eingelenk-Pendelachse der Hinterräder mit Antrieb über Hypoid-Verzahnung; die bewährte Kugelumlauflenkung und die turbogekühlten, selbst nachstellenden Bremsen, die jederzeit ohne das gefürchtete Fading weich und doch kraftvoll greifen. Durch die eingebaute Servobremse wird gut die Hälfte der sonst notwendigen Bedienungskraft eingespart.

Haben Sie schon einmal darauf geachtet, wie die Menschen wirken, die einen 190 SL fahren? Nun, Sie werden kaum jemals einem 190 SL-Fahrer begegnen, der etwa steif oder auch nur gelangweilt am Lenkrad säße. Tatsächlich wirken 190 SL-Fahrer fröhlich und bieten eigentlich immer den Eindruck einer positiven Einstellung zum Dasein. Ob das am Fahrzeug liegt? Natürlich kann auch das schönste Automobil aus einem Griesgram keinen vergnügten Menschen machen. Aber ein schöner, rassiger Wagen, in dem das Fahren Freude macht, kann doch — und der 190 SL ist wohl geeignet, das zu beweisen — seinen Insassen das Leben von der freundlichsten Seite zeigen. Dazu braucht man gar nicht viel zu tun, man muß nur ein wenig bereit sein; dann ist der 190 SL mehr noch als ein schöner Wagen, dann ist er ein Automobil, das echte Freude am Dasein weckt.

Die Werbetexte waren bei Daimler-Benz stets auf eine genau definierte Klientel abgestimmt Auch hier wird wieder das kultivierte Reisen angesprochen — als Wettbewerbswagen sah man den 190 SL kaum, so sportlich er sich gab.

Technische Daten

Motor

Zahl der Zylinder 4
Bohrung .... 85 mm
Hub .... 83,6 mm
Gesamthubraum effektiv .... 1897 ccm
Motorleistung* .. 120 gr. HP/5800 U/min nach SAE
105 PS/5700 U/min nach DIN
Höchstdrehzahl .... 6000 U/min
Verdichtung 8,8:1
Vergaser ... 2 Solex-Register-Flachstromvergaser
Zündfolge 1-3-4-2
Inhalt der Kühlanlage mit Heizung ...... 10 Liter
Ölfüllung des Kurbelgehäuses max./min. 4/2,5 Liter

Fahrwerte

Höchstgeschwindigkeit
im 1. Gang .... 50 km/st
im 2. Gang .... 76 km/st
im 3. Gang .... 120 km/st
im 4. Gang .... ca. 175 km/st

Steigfähigkeit
im 1. Gang 50%
im 2. Gang 30%
im 3. Gang 17%
im 4. Gang 9,5%

Kraftstoff

Fahrverbrauch bei durchschnittlichen Überlandfahrten .... ca. 8,2—12,3 Liter/100 km
Kraftstoffverbrauch nach DIN 70030**
gemessen bei 110 km/st 10,9 Liter/100 km
Kraftstoff.. Superkraftstoff bzw. Benzin-Benzolgemisch
Tankinhalt .... 65 Liter
Reserve .... ca. 6 Liter

Fahrwerk

Schaltgetriebe .. DB-Viergang-Getriebe, zwangsvollsynchronisiert, Knüppelschaltung
Hinterachsübersetzung 1:3,9
Felgengröße .... 5 K × 13 unsymmetrisch
Reifengröße .... 6,40—13 Sport
Batterie .... 12 V, 56 Ah
Bremsanlage ...... Bremstrommeln mit Turbokühlung, Bremsbacken mit automat. Nachstellung, Servobremse

Gewichte

Fahrzeuggewicht, fahrfertig
mit Reserverad und Werkzeug
Roadster .... 1140 kg
Zulässiges Gesamtgewicht .... 1400 kg

* Bei der Leistungsangabe in gross-horsepowers sind die Leistungen der zum Motorbetrieb nicht erforderlichen Nebenaggregate unberücksichtigt. Die angegebene Leistung in PS ist, da alle Nebenleistungen bereits abgezogen sind, an der Kupplung für den Antrieb des Wagens effektiv verfügbar.

** Ermittelt bei $^3/_4$ der Höchstgeschwindigkeit, max. 110 km/h, zuzüglich 10%.

ABC der serienmäßigen Ausstattung

Anlasser mit Druckknopfbetätigung
Armlehnen gepolstert
Aschenbecher, versenkt angebracht
Asymmetrisches Abblendlicht
Blinkerbetätigung mit Signalring kombiniert
Blinklichter, vorn unter den Scheinwerfern angebracht, hinten in Heckleuchten eingebaut
Blinklicht-Kontrolleuchte, versenkt in der Armaturenanlage
Bouclé-Teppich hinten
Dauer-Entlüftung, zugfrei durch hintere Auslaßschlitze oberhalb des Heckfensters beim Coupé
Drehzahlmesser
Fernlicht-Kontrolleuchte
Gebläse für Heizung und Lüftung
Handschuhkasten, verschließbar
Heckleuchten, enthaltend: Schlußlicht, Stopplicht, Parkleuchten und Rückfahrscheinwerfer
Heizung und Lüftung für Windschutzscheibe und Fußraum, rechts und links getrennt regulierbar
Innenbeleuchtung gleichzeitig Kartenleselampe, einschaltbar durch Kontaktschalter beim Öffnen der Fahrertür u. manuell verstellbar
Instrumentenbeleuchtung
Kartenleselampe
Kennzeichenleuchte in den Stoßstangenhörnern eingebaut
Kofferraumbeleuchtung durch Kennzeichenleuchte
Kontrolleuchte für Blinker und Starter
Kühlwasser-Fernthermometer
Kraftstoff-Vorratsanzeiger mit elektr. Reserve-Hinweis-Leuchte
Lackierung, Auswahl unter zehn Serienfarben
Lenkrad, mit Signalring und kombinierter Blinkerbetätigung
Lichthupe
Öldruckmesser
Parklicht in vordere Blink- und hintere Heckleuchten eingebaut
Polsterung, Leder beim Coupé und Coupé mit Roadster-Verdeck, MB Tex beim Roadster
Reserverad mit Halterung, rechts stehend im Kofferraum angeordnet
Rückblickspiegel, abblendbar
Rückenlehnen der Einzelsitze in drei Schräglagen verstellbar
Sitze in Längsrichtung verstellbar
Sonnenblenden gepolstert
Scheibenwascher mit Fußbetätigung, kombiniert mit Scheibenwischer
Scheibenwischer mit sich überschneidendem Wischfeld, zweistufig regelbar
Starktonhörner
Starter-Kontrolleuchte
Steckkontakt für Handlampe im Motorraum
Tachometer mit Gesamt- und Tageskilometerzähler
Tankdeckel verschließbar
Taschen an beiden Vordertüren, gleichzeitig Türziehgriffe und Armlehnen
Technik, siehe technische Daten*)
Türen, beide von außen verschließbar
Werkzeug im Kofferraum
Windschutzscheibe aus Sicherheits-Verbundglas
Zeituhr in Handschuhkastendeckel versenkt eingebaut
Zigarrenanzünder
Zündschloß mit Lenkschloß kombiniert

*) Genaue Angaben über technische Daten siehe oben und auf der Vorderseite

Im Februar 1963 lief der letzte 190 SL vom Band. Die Zahl der insgesamt gebauten Wagen dieses Typs belief sich auf 25 881.

Gegenüberliegende Seite: Zur gleichen Zeit wie der 190 SL wurde in England der MGA in fast 100 000 Exemplaren gebaut. Hier ein erster Prospekt für diesen Sportwagen von 1955.

Kraft und Tempo - leicht beherrscht

Zweckvolle Schönheit zeichnet auch das elegant geschwungene Armaturenbrett des Typ 190 SL aus. Unbesorgt kann sein Besitzer im starken Stadtverkehr fahren oder sich dem Genuß einer sportlich-zügigen Fahrt hingeben. Die übersichtliche Anordnung aller Instrumente und die spielend leichte Betätigung der Bedienungsorgane lassen ihn jederzeit seinen schnellen Wagen mühelos beherrschen. Ungehindert kann die Straße über die flache Kühlerhaube bis kurz vor den Wagen eingesehen werden. Scheibenwischer mit zwei Geschwindigkeiten und breiten, sich überschneidenden Wischfeldern sorgen stets für klare Sicht durch die große, gewölbte Windschutzscheibe, während eine breite Sonnenblende den Fahrer gegen zu starke Lichteinwirkung schützt.

Direkt im Blickfeld des Fahrers liegen blendfrei angeordnet die beiden wichtigsten Instrumente dieses sportlichen Fahrzeugs – der Tachometer mit Gesamt- und Tageskilometerzähler und der Drehzahlmesser. Darunter sind Ölmanometer, Fernthermometer und Kraftstoffmesser sowie sämtliche Kontrollanzeigen in sinnvoll durchdachter Gruppierung zusammengefaßt. Die untere Kante des Armaturenbretts ist mit Texleder bezogen. Von oben reicht ebenfalls ein blendfreier Texleder-Überzug bis an den Rand der Instrumententafel, die alles enthält, was neben der Beherrschung des temperamentvollen Wagens dem Fahrkomfort dient – wie die Hebel der für beide Vordersitze getrennt regulierbaren Heizung und Belüftung, den geräumigen Handschuhkasten, den Zigarrenanzünder und Ascher, die abblendbare Innenleuchte und außerdem Raum für das auf Sonderwunsch eingebaute Autoradio.

Breite, verschließbare Türen

machen das Ein- und Aussteigen bequem und bieten mit Druckknopfbetätigung, Kurbelfenstern und großen, als Zuggriff und Armlehne ausgebildeten Türtaschen die beim Tourenwagen gewohnten Annehmlichkeiten.

Die Sporttüren aus Leichtmetall

auf Sonderwunsch gegen Mehrpreis geben mit ihren vertieften Armausschnitten dem Typ 190 SL die beim sportlichen Fahren gewünschte Gewichtsverminderung.

Ein mit viel Rasanz gezeichneter Prospekt für den 190 SL von 1957/58 mit ausführlicher Betextung.

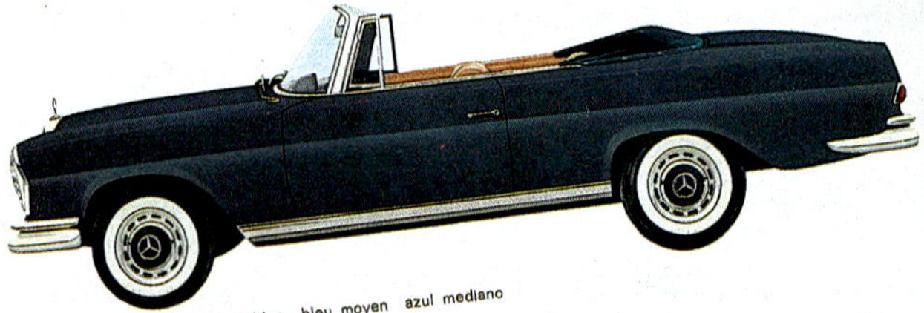

DB 350 mittelblau medium blue bleu moyen azul mediano

Farbabweichungen sind drucktechnisch bedingt.
Any slight colour differences are due to printing.
Dû au procédé d'imprimerie, de légères différences de tons sont inévitables.
Pequeñas diferencias en tonos de color son inevitables, debido a la técnica de impresión.

DB 040 schwarz black noir negro

DB 516 mittelrot medium red rouge moyen rojo mediano

DB 050 weiß white blanc blanco

DB 717 papyrusweiß off-white parchemin papiro

Die hier gezeigten 6 Farben stehen sowohl für das Cabriolet als auch für das einfarbige Coupé zur Verfügung.
The 6 colours shown here are available both for the Cabriolet and for the Coupé single-tone finish.
Les six couleurs présentées ici sont disponibles aussi bien pour le Cabriolet que pour le Coupé en une seule teinte.
Los 6 colores aqui reproducidos están a disposición tanto para el Convertible como para el Cupé de un solo color.

DB 268 dunkelgrün dark green vert foncé verde oscuro

Alle serienmäßig erhältlichen Farb-Kombinationen für den 220 SEb als Coupé und Cabriolet sowie für den 300 SE sind in diesem Prospekt vom September 1963 gezeigt.

Im Oktober 1958 präsentierte Daimler-Benz den 220 S mit Einspritzmotor, den 220 SE alias W 128. Als Modell SEb folgte im Februar 1961, jetzt ohne den gewohnten „Hüftknick", ein Wagen von ebenso klassischer Schönheit — aber niedriger und breiter (W 111). Der offene Viersitzer kostete 25.500 Mark, 2000 Mark mehr als das baugleiche Coupé. Fast 17.000 Stück wurden von beiden Versionen angefertigt.

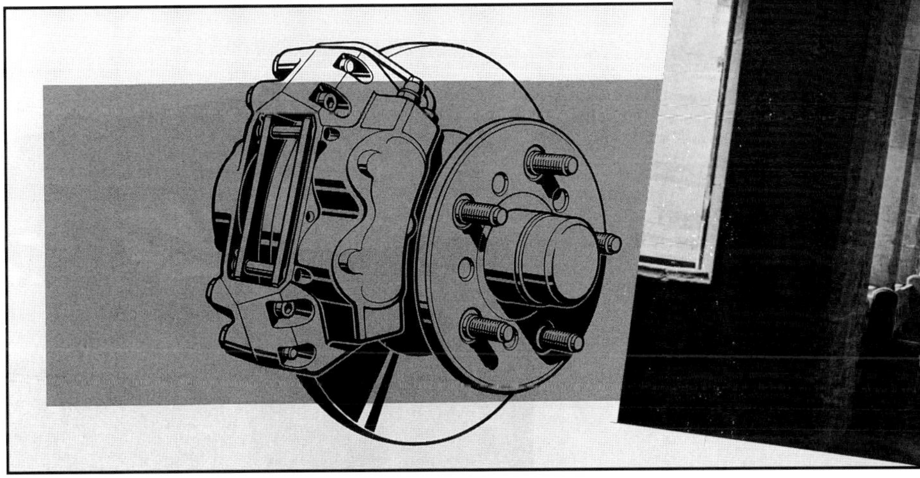

Im Streben nach höchstmöglicher Sicherheit aller Insassen hat man bei Daimler-Benz auf zwei Gebieten einen reichen Schatz an Erfahrungen gesammelt: In vielen härtesten Rennen und in sehr aufwendigen Unfallversuchen. Auch im 220 SE Coupé/Cabriolet sind unzählige wertvolle Erkenntnisse daraus verwirklicht. So ist, wie bei den Limousinen, die sehr stabile Rahmenbodenanlage zusätzlich mit der mittragenden Karosserie zu einem ungewöhnlich verwindungssteifen, tragenden Wagenkörper verschweißt. So sind im Wageninnern eine Vielzahl Sicherheitsmaßnahmen geschaffen, wie zum Beispiel gepolsterte Lenkradnabe, stoßelastische Armaturenanlage, elastische, im Sicherheitsrahmen der Armaturenanlage versenkte Bedienungsknöpfe und -hebel, Polsterungen an Türkanten, Armaturenanlage u. a. m. So stellt aber auch das Fahrwerk durch feinste Abstimmung aller Federungselemente – besonders erwähnenswert hierbei die hintere Eingelenkpendelachse mit zusätzlicher Ausgleichsfeder – eine Konstruktion dar, die die Voraussetzung zu hohem Federungskomfort einerseits und außerordentlich sicherer Straßenhaltung andererseits schafft.
Den hohen Fahrleistungen entsprechend sind die Bremsen ausgelegt: Zweikreis-Servobremssystem mit Scheibenbremsen vorn. Wie sportlich das 220 SE Coupé/Cabriolet gefahren werden kann, wie stark das Gefühl der souveränen Sicherheit am Steuer dieses außergewöhnlichen Modells ist, läßt sich mit Worten nur unvollkommen schildern. Man muß es erleben.

Sehr aufwendig, zum Teil mit eingeklebten Farbdrucken, ist dieser Prospekt von 1961 gestaltet. Auf großen, weißen Flächen verteilt sich der sparsame Text neben eindrucksvollen Ganz- und Detailaufnahmen.

Rechts: Das 220 SEb Coupé. Ein Traumwagen, der 1964 an die 25.000 Mark kostete.

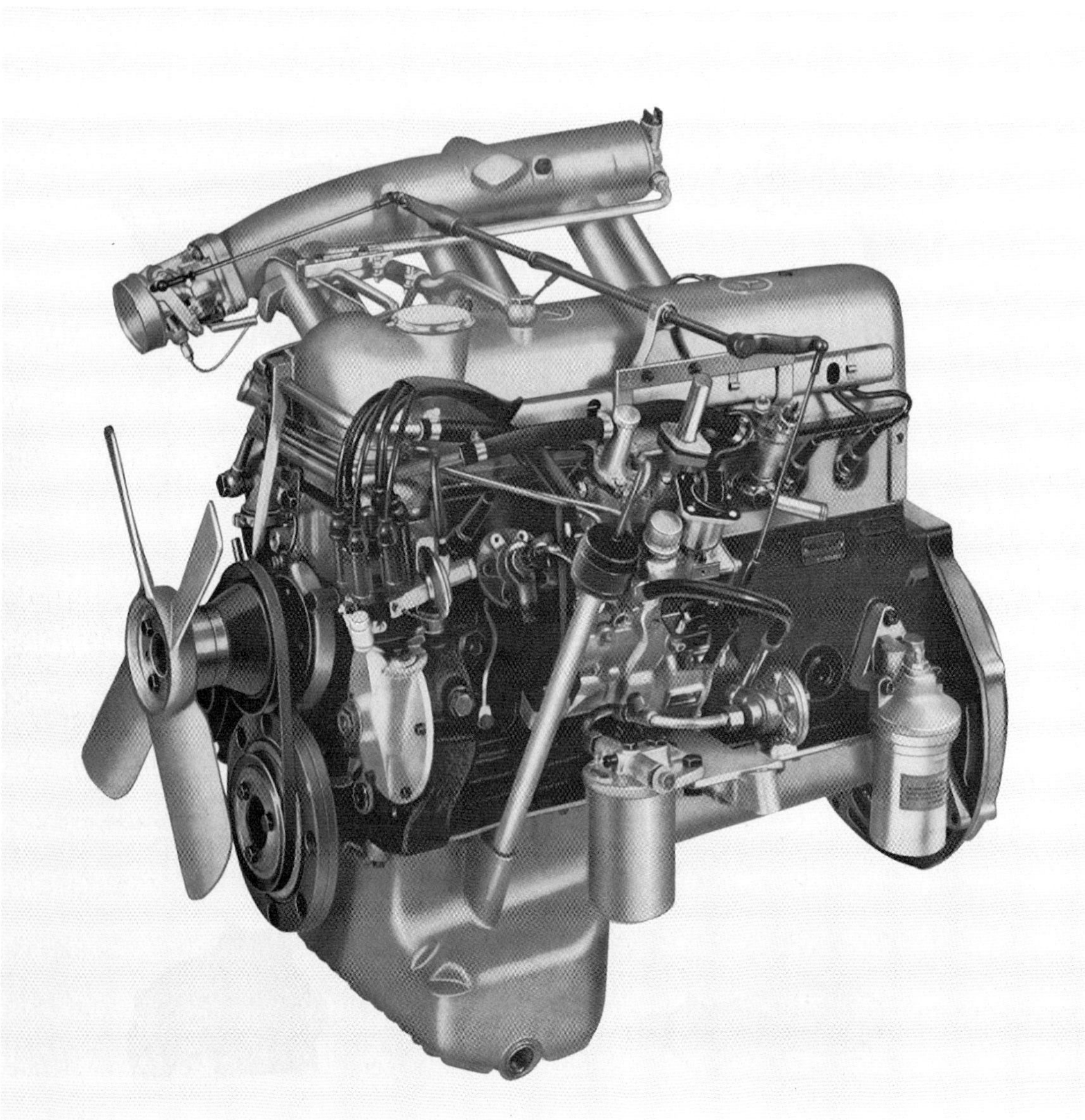

Links: Der Sechszylinder-Motor des 220 SEb mit Kraftstoff-Einspritzung, 120 PS stark, gut für 170 km/h.

S-SL 337

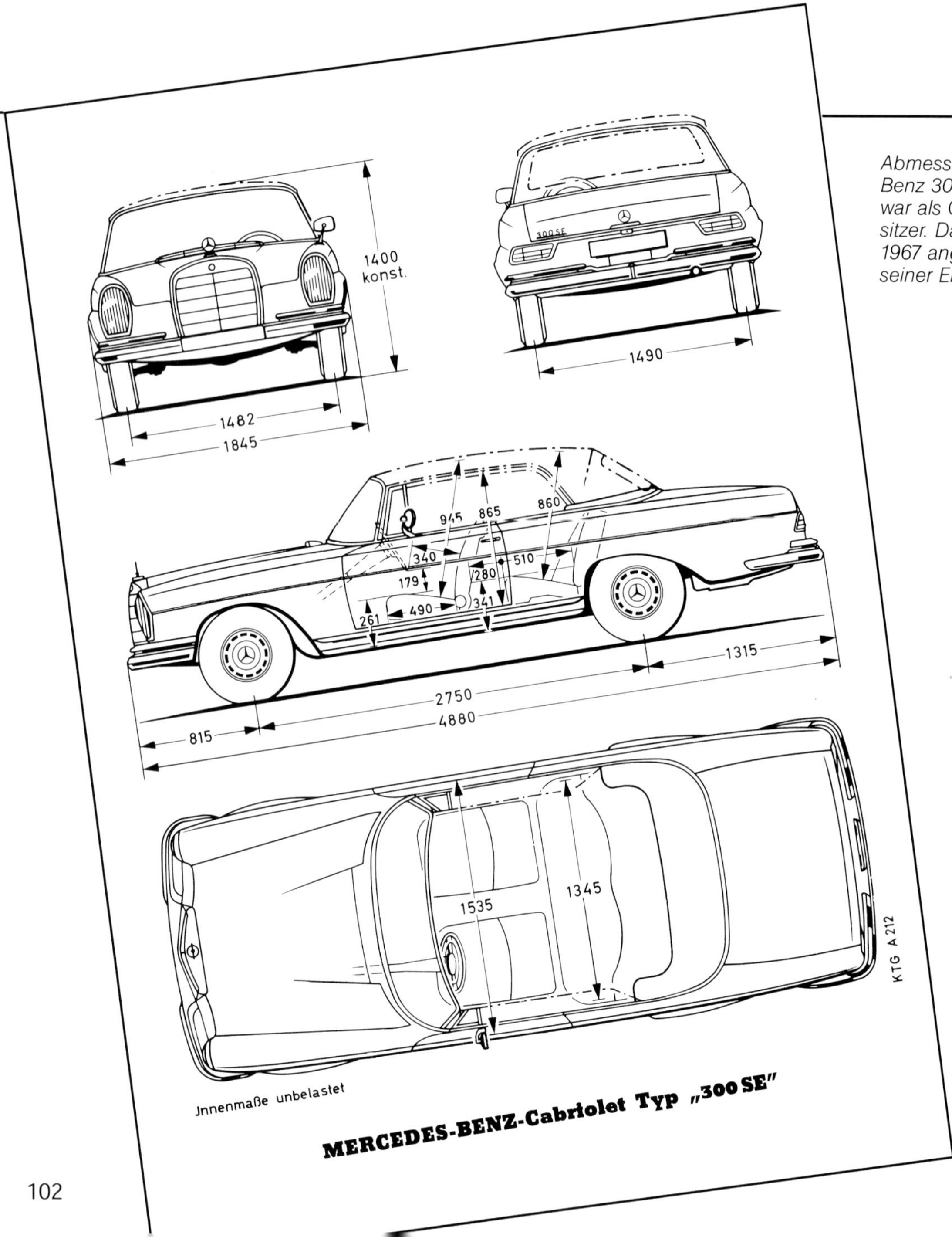

Abmessungen des Mercedes-Benz 300 SE. Dieses Fahrzeug war als Cabriolet ein echter Viersitzer. Das Auto wurde 1962 bis 1967 angeboten und kostete bei seiner Einführung 33.350 Mark.

Mercedes-Benz 300 SE

Mit einem auf 2996 ccm erweiterten Hubraum kam der Sechszylinder 300 SE (W 112) ein Jahr nach dem 220 SEb auf den Markt. Es gab den Wagen bis Ende 1967. Viele Fahrzeuge wurden mit Getriebe-Automatik versehen — nicht nur jene für den USA-Export. 3127 Stück wurden hergestellt.

Technik und Eleganz

Die Zeit steht nicht still. Atemberaubend schreitet die Entwicklung auch auf dem Automobilsektor voran. Ein langer Weg ist es, von der mühseligen Einzelanfertigung eines Gottlieb Daimler und Karl Benz vor einem Dreivierteljahrhundert bis zu den Großserien von heute! - So wie damals ist es aber auch heute und in der Zukunft das Bestreben bei Daimler-Benz, individuelle Automobile in handwerklicher Präzision zu bauen.

Zwei neue Wagen von außergewöhnlichem Rang stellen sich Ihnen vor: das 300 SE Coupé und das 300 SE Cabriolet. Sie sind das Résumé einer Entwicklung zum vollkommenen Automobil. Aufbauend auf die Technik der 300 SE Limousine und die mit Begeisterung aufgenommene elegante und formvollendete Coupé- und Cabriolet-Ausführung des 220 SE, wurden diese beiden Wagen als ideal anzusprechende Synthese von Fahrkomfort, Fahrsicherheit, Fahrleistung und ästhetischer Linienführung geschaffen. Das 300 SE Coupé und das Cabriolet sind schnelle, komfortable und repräsentative Reisewagen mit sportlicher Note. Langgestreckte, niedrige Karosserie, vollversenkbare gewölbte Seitenscheiben ohne Mittelpfosten, breite Türen und eine bis ins kleinste gediegene Innenausstattung. 3-Ltr.-Einspritzmotor aus Leichtmetall, automatisches Vierganggetriebe, Luftfederung, Servolenkung, Scheibenbremsen an allen vier Rädern und Sperrdifferential. Das alles sind Konstruktionsmerkmale, wie sie vereint einzig und allein im Mercedes-Benz 300 SE geboten werden. Es sind Automobile für die anspruchsvollsten unter den Auto-Individualisten.

Distinguiert

300 SE Coupé/Cabriolet

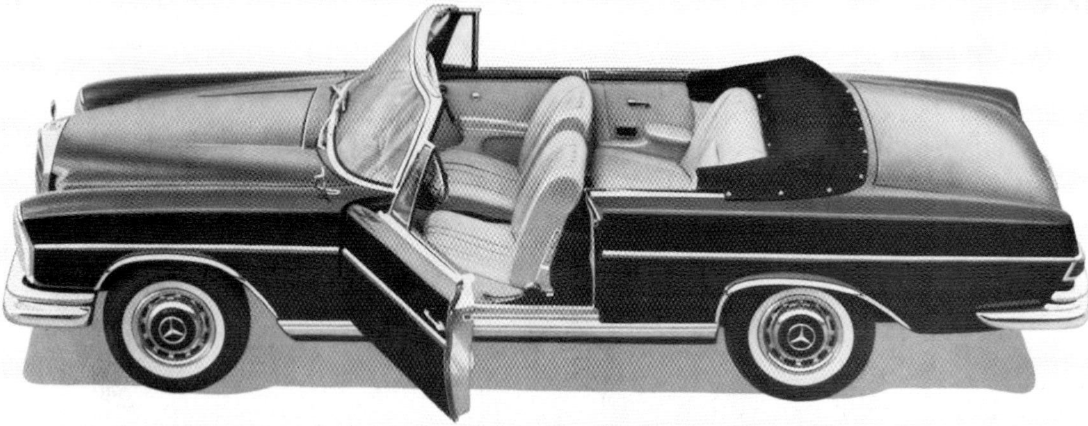

Schauen Sie hinein in diesen Wagen. Ein Interieur, wie es sich für ein solches Automobil gehört: sehr kultiviert, sehr geschmackvoll. Wo Sie hinblicken, erkennen Sie die sorgfältige Verarbeitung kostbaren Leders und erlesener Stoffe. Meisterhaft gepolsterte Einzelsitze vorn und Sitzbank mit herausklappbarer Armlehne hinten, beide wahlweise in Leder oder Stoff. Auf Sonderwunsch werden auch Schalensessel für vorn und hinten oder nur für vorn geliefert. Die Rücklehnen der Vordersitze sind aus Gründen der Sicherheit arretiert und können beim Ein- und Aussteigen durch seitliche Hebel gelöst werden. – Eingebettet in mattes Leder liegen die übersichtlich angeordneten Anzeigeinstrumente, einschließlich des Drehzahlmessers, umrahmt von ausgesucht schönem Edelholz.

Auf Wunsch wurde das Auto mit Scheibenbremsen vorn oder auch hinten geliefert.

Das Interieur des offenen 300 SE gab sich nicht sehr viel anders als bei den übrigen Mercedes-Modellen: gediegen, wenn auch etwas altbacken im Design.

Schon die ersten Kilometer Fahrt am Steuer dieses Wagens begeistern Sie. Die 160 PS des 3-Liter-Sechszylinder-Einspritzmotors spüren Sie sofort. Blitzschnell erfolgen die Schaltvorgänge des automatischen Getriebes immer bei den dafür günstigsten Drehzahlen. Eine vielbeachtete Daimler-Benz-Entwicklung, über die Sie ein Sonderprospekt ausführlich informiert. Die Luftfederung vermittelt bei hervorragender Straßenlage einen ungewöhnlichen Federungskomfort und sorgt, unabhängig von der Belastung, für ein stets gleichbleibendes Niveau des Wagens. – Das Lenken, besonders bei langsamer Fahrt, auf kurvenreichen Strecken oder beim Parkieren und Wenden

Merkmale überragender Technik

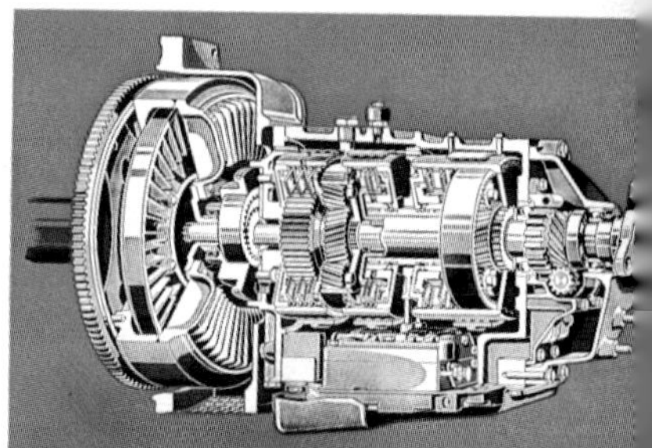

Hohe Sicherheit: Die besonders hohe Festigkeit und Verwindungsfreiheit des gesamten Wagenkörpers ergibt sich aus der für Mercedes-Benz typischen Bauweise: die starke, schutzbietende Rahmenbodenanlage – mit ihren kräftigen Außen- und Querträgern sehr stabiles Fundament des Wagens – wird zusätzlich noch mit der mittragenden Karosserie fest verschweißt. – Eine weitere Sicherheitsmaßnahme als Pendant zu den hohen Fahrleistungen des 300 SE Coupé/Cabriolets: Scheibenbremsen mit Servounterstützung an allen Rädern mit Bremskraftabstützung.
Motor: Der Antrieb des 300 SE Coupé/Cabriolet besteht aus einem 3-Liter-Sechszylindermotor aus Leichtmetall, der nach dem Prinzip der intermittierenden Saugrohreinspritzung arbeitet. Er leistet 160 PS bei 5000 U/min und zeichnet sich besonders durch sein außerordentliches Beschleunigungsvermögen aus.
Automatisches Getriebe: Das DB-automatische Getriebe ist eine Eigenentwicklung des Werkes und wurde speziell für die Mercedes-Benz-Typen der oberen Mittelklasse konstruiert. Seine Besonderheit liegt in der Verwendung von vier Vorwärtsgangstufen und einer hydraulisch-automatischen Kupplung. Die großen Vorteile dieser Konstruktion: keine Leistungsverluste, daher Ausnutzung der vollen Motorkraft in allen vier Gängen, blitzschnelle automatische Schaltvorgänge und somit wirkungsvolle Unterstützung der ungewöhnlichen Beschleunigungsreserven des 300 SE Coupé/Cabriolet.
Weitere interessante Einzelheiten über das DB-automatische Getriebe vermittelt ein Sonderprospekt.

Luftfederung: Die Ausrüstung mit Luftfederung wirkt sich in zweifacher Hinsicht vorteilhaft aus:
Einmal bleiben – durch den automatischen Niveau-Ausgleich – Bodenfreiheit und volle Federwege von Belastungen des Wagens vollkommen unabhängig, so daß das 300 SE Coupé/Cabriolet unter allen Bedingungen einen gleichbleibenden, sehr weichen Federungskomfort vermittelt. Außerdem ergibt die Luftfederung einen sehr guten Straßenkontakt.
Servolenkung: Auch die Servolenkung des 300 SE Coupé/Cabriolet stellt eine Eigenentwicklung von Daimler-Benz dar. Sie ist vor allem insofern bemerkenswert, weil sie auch bei sportlicher Fahrweise auf kurvenreichen Strecken, aber auch bei Glatteis ausgezeichneten Fahrbahnkontakt vermittelt. Dieses Ziel wurde dadurch erreicht, daß die Handkraftunterstützung in zunehmender Weise nur dann wirksam wird, wenn der Fahrer größere Lenkwiderstände zu überwinden hat, also besonders bei Lenkmanövern in langsamer Fahrt und bei engeren Kurvenradien (Wenden und Parkieren).
Sind jedoch nur unwesentliche Lenkwiderstände zu überwinden, so erfolgt nur eine sehr geringe Servounterstützung, weil das beibehaltene Konstruktionsprinzip der Kugelumlauflenkung für eine leichtgängige Handhabung des Lenkrades sorgt.
Sperrdifferential: Das Sperrdifferential im Hinterachsantrieb sorgt dafür, daß etwaige unterschiedliche Fahrbahnverhältnisse an den Hinterrädern, z. B. bei Schneeglätte, ausgeglichen werden. So wird ein Durchdrehen eines Hinterrades auf glatter Fahrbahn, insbesondere beim Anfahren, weitgehend verhindert.

Daimler-Benz AG Stuttgart-Untertuerkheim Germany

P 1039 262 Printed in Ge

Das 300 SE Cabriolet in adäquatem „Setting". Der zweitürige Viersitzer wäre nach älterer Lesart ein Cabriolet C, doch diese Bezeichnungen wurde von Daimler-Benz inzwischen nicht mehr benutzt.

S-NS 428

Distinguished

The 300 SE Convertible is said to be one of the most beautiful and most elegant cars in the world. At the Geneva Motor Show this Convertible, together with the coupé, certainly formed the centre of attraction among the elite of the world's cars. Admiring eyes noted every detail of the high class, refined interior. Wherever you look you recognise the excellent workmanship in finest leather, choice textiles and select, beautiful, precious wood. Masters in upholstery have given the best of their skill in making the anatomically correctly formed seats. Standard equipment provides for single front seats which, like the deep rear back seat, have a folding centre arm-rest. Cloth or leather is optional for seats and interior trim. On request, and at no extra charge, a seat bolster can be fitted in place of the oddments tray between the front seats. As an extra, bucket seats, giving exceptional comfort and excellent support for sports type driving, can be supplied (either for the front only or front and rear). For safety reasons the backs of the front seats are locked in position. For adjusting the backs to any desired rake, down to the rear seats and for easy access to the rear, the locking device can be disengaged by means of a lever on the side of the seat. There are side arm-rests on the doors and in the rear. Large pockets in both doors and many other useful details contribute to make travel in the 300 SE Coupé Convertible exceedingly pleasant. We should mention the ease of opening and closing the Convertible roof with its large clear P.V.C. safety window. The roof colour is carefully matched with the colour chosen for the car.

Aus einem umfangreicheren Katalog über den 300 SE stammen diese Abbildungen. Es gab ihn in verschiedenen Sprachen. Unten ein Foto vom Karosseriebau.

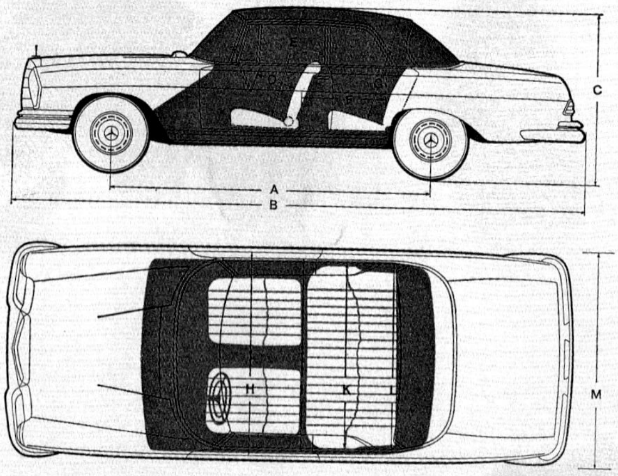

MERCEDES-BENZ

300 SE Coupé/Convertible

A) 108.25 in. (2,750 mm)	G) 33.9 in. (860 mm)
B) 192.5 in. (4,880 mm)	H) 60.5 in. (1,535 mm)
C) 55.5 in. (1,410 mm)	J) 57 in. (1,445 mm)
D) 13.4 in. (340 mm)	K) 58.3 in. (1,480 mm)
E)* 37.2 in. (945 mm)	L) 55.4 in. (1,405 mm)
F) 31.1 in. (790 mm)	M) 72.7 in. (1,845 mm)

Specifications

Engine

Number of cylinders 6
Bore / stroke .... 3.34 / 3.47 in.
Total piston displacement .... 182.85 cu. in.
Engine output acc. to SAE .. 185 gr. HP / 5200 r.p.m.
Maximum speed .... 6,000 r.p.m.
Compression 8,7:1

Driving data

Maximum speed in
1st gear .... 28 m.p.h. (45 km/h)
2nd gear .... 44 m.p.h. (70 km/h)
3rd gear .... 72 m.p.h. (115 km/h)
4th gear ... appr. 109 m.p.h. (175 km/h)

Climbing ability in
1st gear .... 1 in. 1.25 (80 %)
2nd gear .... 1 in. 2.2 (46 %)
3rd gear .... 1 in. 4 (25 %)
4th gear .... 1 in. 8 (12.5 %)

Fuel

Fuel consumption during average highway driving .... 25.6-17.6 m.p. Imp. gal.
21.5-14.7 m.p. US gal.
(11-16 lit./100 km)
Fuel consumption *** . 19.5 / 16.2 m.p. Imp./US gal. (measured at 68 m.p.h.) (14.5 lit./100 km)
Tank capacity .. 14.3 Imp. gal. / 17.2 US gal. (65 lit.)
Incl. reserve approx. 1.5 Imp. gal. / 1.8 US gal. (7 lit.)

Chassis

Transmission ... DB-automatic 4 gear transmission
Rear axle .... DB-single joint swing axle with low pivot point and differential lock
Rear axle ratio 4.10:1
Tyre size .... 7.50-13 Nylon-Sport
Battery .... 12 volts 66 a.h.
Braking system .... hydraulic disc brakes, with "Ate" booster brake T 50/26
Steering .... DB power steering with automatic readjustment and steering shock absorber
Suspension .... air suspension

Dimensions / Weights

Track, front .... 58.4 in. (1,482 mm)
Track, rear .... 58.7 in. (1,490 mm)
Turning circle dia. .... approx. 37.5 ft. (11.5 m)
Curb weight with spare wheel and tools .... 3,450 lbs. (1,565 kg)
Permissible total weight ...... 4,485 lbs. (2,035 kg)

Specifications Convertible

climbing ability in 2nd gear ...... 1 in. 2.33 (43 %)
in 3rd gear ...... 1 in. 4.02 (23,5 %)
in 4th gear ...... 1 in. 8.33 (12 %)
Fuel consumption during average highway driving 24.5/20.4 - 17.1/14.2 m.p. Imp./US gal.
= 11.5-16.5 lit./100 km
Fuel consumption *** .. 18.8 / 15.7 m.p. Imp./US gal. (15 lit./100 km)
Curb weight with spare wheel and tools .... 3,670 lbs. (1,665 kg)
Permissible total weight ...... 4,705 lbs. (2,135 kg)

* With steel sliding roof 35.8 in. (910 mm).
*** Determined at 3/4 of maximum speed, maximum 68 m.p.h. (110 km/h), less 10 per cent.

Design and equipment subject to modifications.
White wall tyres extra.

Datenblatt zum 300 SE Coupé/Cabriolet in englischer Sprache. Die Angaben erfolgen in metrischen Maßen als auch in englischen und amerikanischen (beim Spritverbrauch werden die Unterschiede deutlich).

Geschickt einmontierter Motor in ein Farbfoto. Es entsteht indes der Eindruck, als handele es sich um Aggregat, das die Vorderräder antreibt. Die Maschine leistete 160 DIN-PS; für die USA lautete der Wert 185 SAE-PS.

PARK
S-NM 52
D

Links: 300 SE Cabriolet. Unten: Der 1965 vorgestellte 250 SE. Tenor: „Überall erkennt man das Bestreben der Gestalter nach Schönheit und Perfektion".

Im Sommer 1965 kam es zu einer Neuordnung der Daimler-Benz-Produktpalette. Als W 108 gab es vom Herbst des gleichen Jahres an einen 2,5 Liter-Wagen mit Vergaser- oder Einspritzmotor. Diesen Motor baute man aber auch im W 111 ein, dem bisherigen Coupé/Cabriolet, was eine reizvolle Kombination ergab.

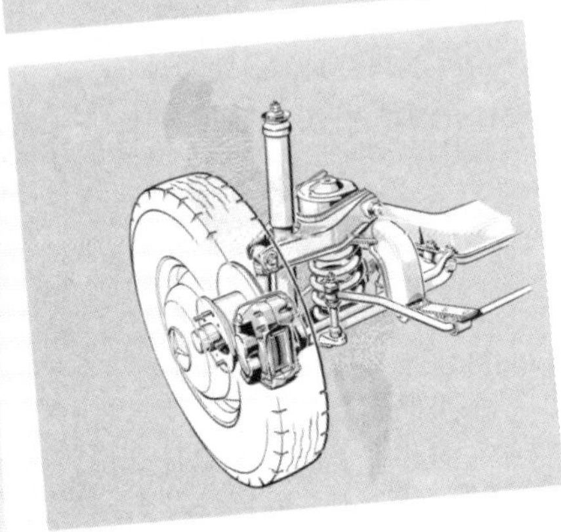

Technische Details des Mercedes-Benz 250 SE.

Rasant

Diese technisch sehr interessante 2,5-Liter-Maschine mit intermittierender Saugrohreinspritzung, 7fach gelagerter Kurbelwelle, obenliegender Nockenwelle und thermostatisch geregeltem Kühlsystem leistet 150 PS bei 5500 U/min und verleiht dem Coupé/Cabriolet – bei außerordentlich vibrationsfreier Arbeitsweise in allen Drehzahlbereichen – eine rasante Beschleunigung bis zur Endgeschwindigkeit von 190 km/h.

Was sich hinter dem »E« in der Typenbezeichnung »250 SE« verbirgt, ist der inzwischen in der ganzen Welt vielbewunderte »Einspritzmotor«.

Die Einspritzung mit 6-Stempel-Pumpe ermöglicht dabei Verbrauchswerte, die für solch hohe Leistung ...öhnlich günstig liegen.

Wie bei den Limousinen ist die stabile Rahmenbodenanlage und die mittragende Karosserie zu einem ungewöhnlich verwindungssteifen, tragenden Wagenkörper verschweißt. Aber auch das Fahrwerk stellt durch feinste Abstimmung aller Federungselemente eine Konstruktion dar, die hohen Federungskomfort mit sicherer Spurhaltung verbindet. Besonders erwähnenswert die hintere Eingelenkpendelachse mit hydropneumatischer Ausgleichsfeder, zur automatischen Niveauregulierung auch bei voller Beladung. Den hohen Fahrleistungen entsprechend sind die Bremsen ausgelegt: Zweikreis-Servobremssystem mit Scheibenbremsen an allen 4 Rädern und Bremsdruck-Regelventil zur Bremskraftverteilung.

Liebevoll durchdacht, wie die Konstruktion aller Cabriolets aus Sindelfingen. Der Gepäckraum war sehr groß - schließlich hatte dort ja auch noch das Reserverad seinen angestammten Platz!

Instrumentenanlage
klar und übersichtlich

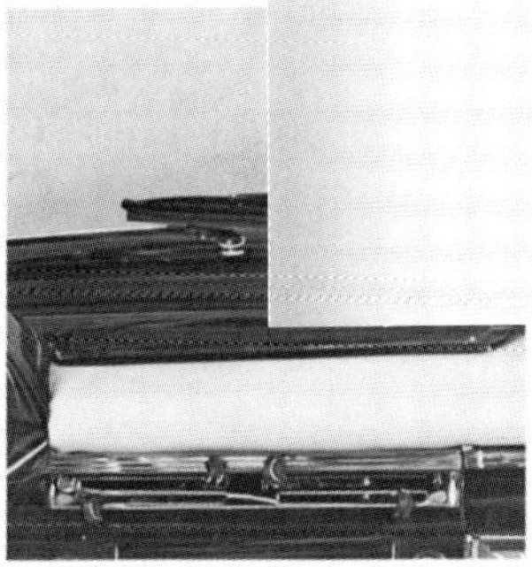
Einstellhebel für Heizung
und Lüftung

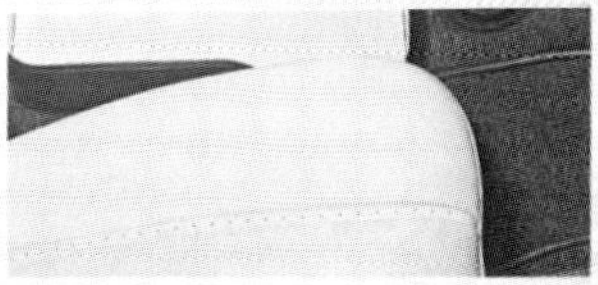
Mittelschaltung
und Ablage zwischen den Sitzen

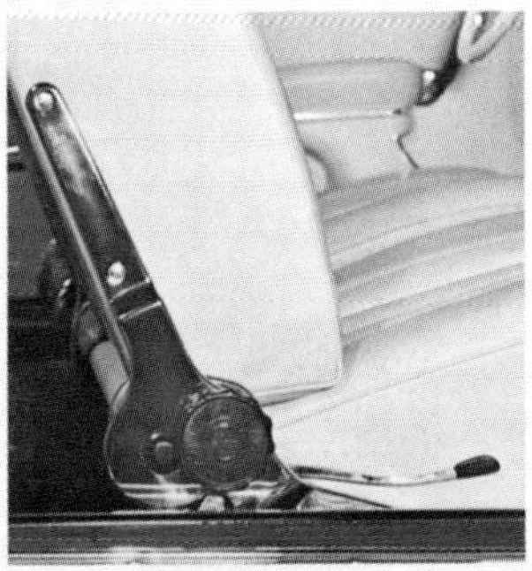
Sitz und Lehne
körpergerecht geformt,
und individuell verstellbar

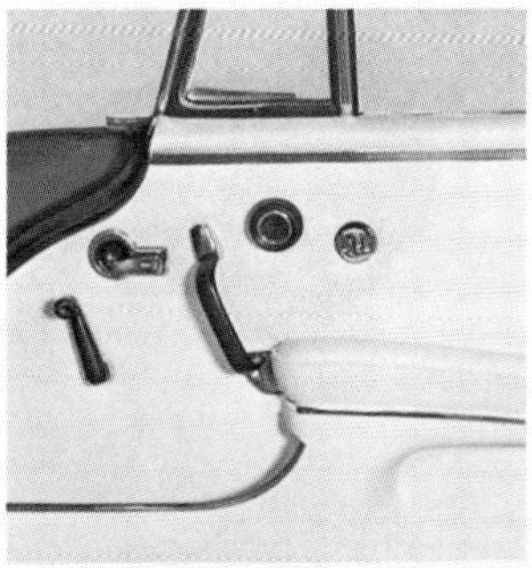
Taschen an den Türen,
gepolsterte, stoßnachgiebige
Armlehnen und Griffe

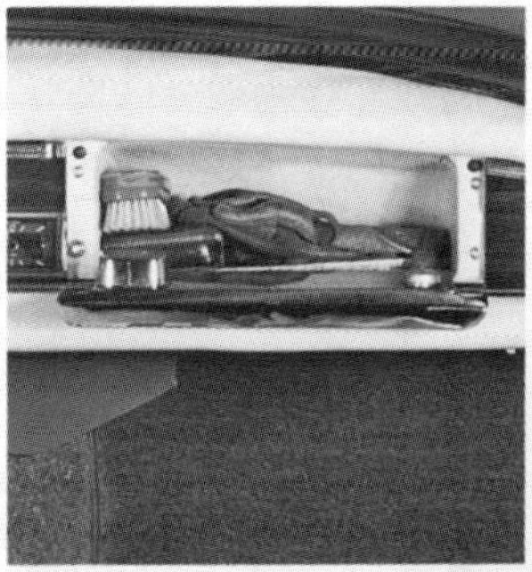
Handschuhfach mit Beleuchtung

S-TT 152

Mercedes-Benz 280 SE/280 SE 3.5 V8

Die wohl interessanteste Kombination stellte der W 111 mit dem neuen 3,5-Liter-V8-Motor dar, angeboten als Coupé und als Cabriolet. Es gab diese Autos von Ende 1969 bis Juli 1971.

Für ein sportliches Coupé
bzw. Cabriolet
ein ausgesprochen komfortabler,
großzügiger Innenraum.
5 Personen haben einwandfrei Platz.
Bezugsmaterial der Sitze:
hochwertiges Leder,
einzeln für jedes Fahrzeug ausgewählt.

Zuverlässig

Technik des Mercedes-Benz 280 SE Cabriolets von 1967. Dieser Prospekt hatte auch die V8-Version zum Inhalt.

Vorderachse:
Je Rad: Dreiecks-Querlenker,
Schraubenfeder; beidseitig wirkender,
gasgefüllter Teleskopstoßdämpfer;
große, im Fahrtwind wirksam gekühlte
Scheibenbremse.
Drehstab-Stabilisator;
Lenkungsstoßdämpfer.

Unter der Zuverlässigkeit
eines Automobils
versteht man einwandfreies Funktionieren
aller wichtigen Teile und Aggregate
über einen langen Zeitraum.
Das setzt voraus,
daß ein Fahrzeug ausgiebig erprobt wurde,
bevor es auf den Markt kommt.

Mercedes-Benz 280 SE Coupés/Cabriolets
basieren in ihrer Grundkonstruktion
auf den Vorgängern
220 SE und 250 SE Coupé/Cabriolet.
Das Fahrwerk des 280 SE Coupé/Cabriolet
hatte schon bei der Vorstellung
mehr als 7 Millionen
härtester Versuchskilometer hinter sich.

Mercedes-Benz 280 SE Coupés/Cabriolets
sind zuverlässig.

Karosserie-Verarbeitung
Limousinen in Coupés oder Cabriolets
abzuwandeln,
ist für die Konstrukteure von Mercedes-Benz
keine Diskussionsbasis.
Den Konstruktionsprinzipien
des Hauses entsprechend,
sind die Mercedes-Benz Coupés
und Cabriolets
von Grund auf neu konstruiert.
Das ist besonders im Detail spürbar:
Die Karosserie ist verwindungssteif.
Ächzen, Klappern etc. – wie dies
bei vielen Fahrzeugen dieser Art der Fall ist –
sind absolut ausgeschlossen.
Die rahmenlosen Fenster vorn und hinten
verursachen selbst bei Höchstgeschwindigkeit
keine Windgeräusche.
Mit ein paar Handgriffen
läßt sich das Cabrioletdach schließen,
und zwar absolut dicht.

Das sind nur einige Beispiele
für die sorgfältige Konstruktion
und Verarbeitung.

Hinterachse:
Eingelenkpendelachse
mit hydropneumatischer Ausgleichfeder.
Einzelradaufhängung;
Je Rad: Schraubenfeder; beidseitig wirkender,
gasgefüllter Teleskopstoßdämpfer;
große, im Fahrtwind wirksam gekühlte
Scheibenbremse; Bremskraftregler.

Rechts:
Der Einspritz-Motor mit sechs Zylindern. Unten das V8-Aggregat des 280 SE 3.5.

Schnell

Die Einspritzpumpe
des 6-Zylinder-Motors.
Verzögerungsfrei und automatisch
erhält jeder Zylinder
genau zum richtigen Zeitpunkt
die richtige Kraftstoffmenge.

Rennwagen für Familienväter
verlassen den Bereich,
den Mercedes-Benz verantworten kann.

Den unabänderlichen
Konstruktionsprinzipien des Hauses
entsprechend,
baut Mercedes-Benz
seine Coupés und Cabriolets
mit überdurchschnittlich hohen
Dauergeschwindigkeiten,
die nicht nur bei trockener
und gerader Straße
und nicht nur schönem Wetter
gefahren werden können.

Gleich wichtig sind die Beschleunigungswerte
im mittleren Drehzahlbereich.
Zum Beispiel beim Überholen,
wenn blitzschnell von 60 auf 90 km/h
beschleunigt werden muß.

Hier zeigen
sowohl der 6-Zylinder-Reihenmotor
mit mechanischer Benzineinspritzung,
als auch der V-8-Motor
mit elektronischer Benzineinspritzung
ihre große Überlegenheit
durch hohes Drehmoment
und überdurchschnittliche Kraftreserve.

Der 6-Zylinder-Reihenmotor
mit mechanischer Benzineinspritzung
leistet 160 PS/DIN (180 gr. HP/SAE)
Dieser Motor
ist einer der ausgereiftesten
auf dem gesamten Markt.
Die heutigen Einspritzmotoren
sind das Resultat
einer jahrzehntelangen Entwicklungsarbeit.
Sie begann
bei den Mercedes-Benz Flugmotoren,
wurde in den Rennmotorenbau übernommen
und führte schließlich zu den Motoren
des Mercedes-Benz 220 SE, 250 SE, 280 SE.
**Heute hat
die mechanische Benzineinspritzung
ihre technische Perfektion erreicht.
Am 6. August 1969
lief der 250 000ste Fahrzeugmotor
dieser Bauart vom Band.**

Der V-8-Motor
mit elektronischer Benzin-Einspritzung
und Transistorzündung
beschleunigt das Fahrzeug
von 0 auf 100 km/h in 9 sec.

Ungewöhnlich gesprächig gibt sich dieser Prospekt. Er beschreibt sehr ausführlich alle Einzelheiten des neuen 280.

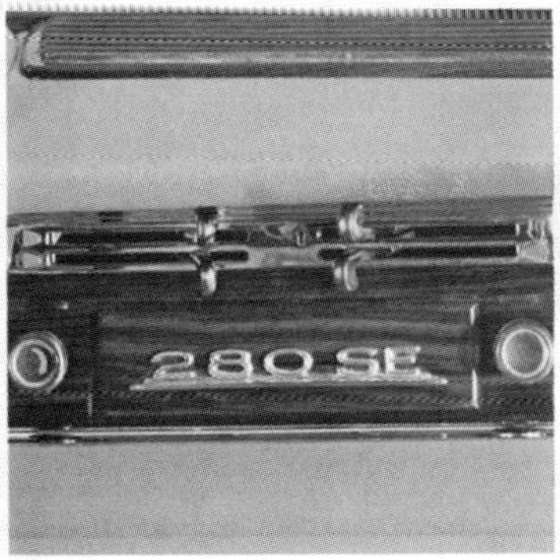

Wirksames Heizungs- und Lüftungs-System, stufenlos regulierbar für warm und kalt, oben und unten, rechts und links. Die Regulierhebel sind beleuchtet.

Heizung und Lüftung sind in einem wirkungsvollen, stufenlos regulierbaren System zusammengefaßt.

Der durch Filter gereinigte, staub- und zugfreie Dauerluftstrom kann stufenlos nach oben und unten gelenkt werden. Ein zusätzliches, regulierbares Gebläse verstärkt die Frischluftzufuhr. Damit ist der Wagen auch im Stand zu belüften.

Körpergerecht geformte Ledersitze mit stufenlos verstellbarer Rückenlehne (Ruhesitzeinrichtung).

Die Heizung ist in der Lage, die Frischluft selbst von –20° C auf angenehme Raumtemperatur zu erwärmen.

Die Entlüftung erfolgt permanent und ebenfalls zugfrei.

Fahrwerk
Durch die Mercedes-Benz Eingelenk-Pendelachse mit hydropneumatischer Ausgleichfeder wird erzielt: nicht zu harte und nicht zu weiche Federung. Die beiden Achshälften pendeln die Unebenheiten der Fahrbahn aus. Die hydropneumatische Ausgleichfeder begrenzt Sturzveränderungen, die das Fahrverhalten beeinträchtigen könnten.

In allen Geschwindigkeitsbereichen gewährleistet diese Achskonstruktion gleichermaßen ausgezeichnete Straßenlage und hohen Fahrkomfort. Die Fahrgäste bleiben frei von ermüdenden Schwingungen. Auch auf langen Strecken. Die Gummilagerungen der Achse fangen auch die letzten Unebenheiten der Fahrbahn auf und geben sie nicht an die Karosserie weiter.

Diese Achskonstruktion der 280 SE Coupés und Cabriolets ist die technisch perfekte Lösung. Komfort und Fahrsicherheit aus dieser Kombination von Stahlfederung und Hydraulik werden nur von den luftgefederten Limousinen übertroffen.

Ein Drehstab-Stabilisator an der Vorderachse verhindert bei Kurvenfahrten unangenehme Karosserieneigungen, welche die Fahrsicherheit beeinträchtigen könnten.

Hydraulische Teleskopstoßdämpfer mit Gasfüllung (System de Carbon) garantieren eine konstante Bodenhaftung auch bei schlechten Straßenverhältnissen.

Die Mercedes-Benz Servolenkung (serienmäßig bei den Fahrzeugen mit dem V-8-Motor) macht selbst schwierige Fahrmanöver (z. B. Einparken) zum Vergnügen. Kraftaufwand und Lenkradumdrehungen werden durch eine hydraulische Einrichtung wesentlich verringert. Trotzdem bleibt in allen Fahrsituationen der volle Fahrbahnkomfort erhalten.

Durch diese Lenkung haben die Mercedes-Benz 280 SE Coupés und Cabriolets eine Wendigkeit, die von vielen kleineren Wagen nicht erreicht wird. Der Lenkungsstoßdämpfer schluckt Fahrbahn-Unebenheiten und gibt sie nicht an das Lenkrad weiter.

Karosserie
Die Mercedes-Benz 280 SE Coupés und Cabriolets haben verkehrsgerechte Außenmaße. Dazu: große Türen, die den Ein- und Ausstieg auch für die Fondgäste leicht und bequem machen; einen geräumigen Kofferraum, der leicht zu beladen und beleuchtet ist. Das sind Konstruktionsbesonderheiten, die bei anderen Coupés und Cabriolets häufig fehlen.

Achsen und Karosserie sind durch Gummilagerungen getrennt. Motor- und Fahrgastraum sind hermetisch voneinander abgeschlossen. Deshalb sind diese Fahrzeuge fast vollständig schwingungsfrei, vibrationsfrei und geräuscharm.

Mercedes-Benz verzichtet in der Innenausstattung auf formalistische Spiele. Blendfreie Materialien sind besser als optische Effekte.

Ablage-Schale, beleuchtetes Handschuhfach, Taschen an den Türen, gepolsterte Armlehnen, Armlehne zwischen den Fondsitzen und strapazierfähige Teppiche sind nur einige Beispiele für das, was Mercedes-Benz funktionsgerechten Komfort nennt.

Mercedes-Benz 280 SE Coupés und Cabriolets geben jene entscheidende Ruhe, Übersicht und Gelassenheit, auf die Fahrer in Zukunft nicht mehr verzichten können.

Das Öffnen und Schließen
des Cabrioletdachs ist so einfach,
daß eine Person spielend damit fertig wird.
Die exakt arbeitenden Hebelmechanismen
der Dachversteifungen
sind ein weiterer Beweis
für die hochwertige Material-
und Verarbeitungsqualität.
Die Frontscheibe ist so geneigt,
daß auch bei schneller Fahrt
mit offenem Dach
der Fahrtwind abgeleitet wird.

Offenfahren in seiner schönsten Form — mit einem Stern auf dem Kühler. Der bis zum Juli 1971 gebaute Wagen kostete zum Schluß 37.351 Mark.

Cockpit und Instrumente des 280 SE. Ein Drehzahlmesser gehörte dazu.

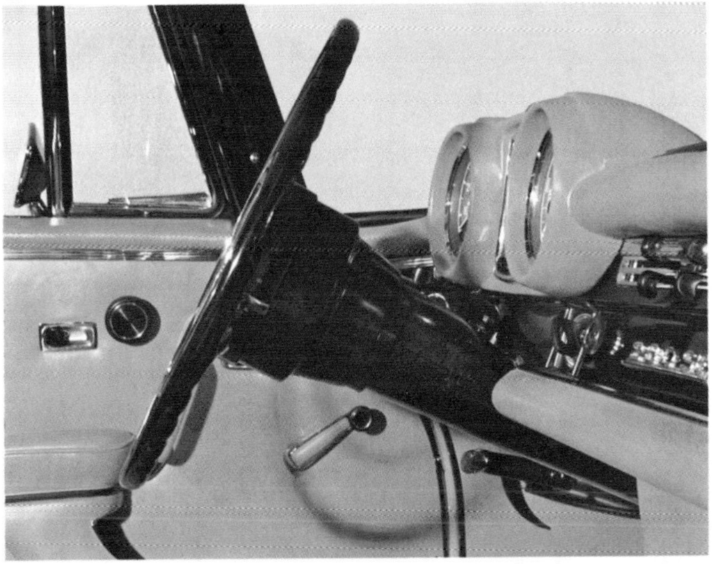

Sicher

Komfortabel

Blendfreie Instrumente.
Energieaufzehrender Pralltopf
unter der großflächigen Polsterplatte
auf dem Lenkrad.

Man kann von Sicherheit reden,
man kann großzügig
mit Schaumstoff umgehen
oder das Problem der Sicherheit
an der Wurzel packen.
Der letzte Weg ist langwierig, teuer
aber verantwortungsbewußter,
obwohl die Ergebnisse
ernster Sicherheitsforschung
äußerlich nicht gleich zu erkennen sind.

Mercedes-Benz
hat in einem einzigen Testjahr
80 Personenwagen
auf die verschiedenste Weise
zu Schrott gefahren,
um gewissen Problemen
auf die Spur zu kommen.

Mercedes-Benz
hat nach vielen Versuchsreihen
z. B. eine Armaturenanlage entwickelt,
die je nach Heftigkeit des Aufpralls
stufenweise und tiefgestaffelt nachgibt
und daher Verletzungen
weitgehend ausschaltet.
Schaumpolster allein spielen deshalb
bei der Mercedes-Benz Armaturenanlage
nicht die entscheidende Rolle.
Die Mercedes-Benz Sicherheitszelle
ist in ungezählten Unfallversuchen
im Rahmen der systematischen,
wissenschaftlichen Sicherheitsforschung
entwickelt worden.

Man verläßt sich bei Mercedes-Benz
nicht darauf,
daß eine weniger steife Bug- und Heckpartie
zwangsläufig einen Teil
der Aufprall-Energie verzehrt.
Entscheidend ist,
daß möglichst viel Aufprall-Energie
in Verformungsarbeit an der Karosserie
umgewandelt wird.

So schreibt „auto motor und sport"
in seiner Ausgabe 4/1969:

Knautsch-Patent abgelaufen
„Am 23. Januar 1969
wurde ein Stück Autosicherheit rechtlich
allen Automobilherstellern zugänglich.
An diesem Datum
lief das Mercedes-Benz Patent
über die Sicherheitsstruktur
von Autokarosserien ab,
das eine verformungssteife Passagierzelle
und weiche Knautschzonen
an den Wagenenden vorsieht.

Sicherheitsgurt und Kopfstützen waren noch nicht obligatorisch, aber es gab sie auf Wunsch ebenso wie das automatische Getriebe oder elektrisch betätigte Fensterheber.

Auf Wunsch

Mercedes-Benz Personenwagen sind serienmäßig sehr gut ausgestattet. Sie bieten optimalen Komfort.

Wenn Sie auf Ihre persönliche Note, auf eine individuelle Atmosphäre besonderen Wert legen und Ihren Mercedes-Benz nach eigenen Wünschen und Vorstellungen ergänzen wollen, können Sie zahlreiche Sonderausstattungen erhalten.

Radio

Ein Autoradio dient nicht nur der Unterhaltung. Berichte über Straßenzustand, Stauungen, Umleitungen etc. sind feste Bestandteile des Sendeprogramms. Durch rechtzeitige Information fährt man also dem Ärger aus dem Weg. Vom Werk werden die Modelle Europa, Mexico und Grand Prix eingebaut. Für das Ausland sind zusätzlich die Modelle Brescia oder Monte Carlo lieferbar. Andere Fabrikate können nachträglich bei den Mercedes-Benz Niederlassungen oder Vertretungen eingebaut werden.

Telefon

Mit einem Autotelefon ist man unabhängiger. Wichtige Entscheidungen können unterwegs getroffen und anderen mitgeteilt werden. Das ist nur einer der vielen Vorteile. Einzelheiten über Autotelefon-Anlagen nennt Ihnen jede Mercedes-Benz Niederlassung oder Vertretung.

Elektrische Fensterheber

Auf der Mittelkonsole vor beiden Vordersitzen sind die Schalter für die elektrischen Fensterheber angeordnet. Von hier aus können alle 4 Seitenscheiben geöffnet oder geschlossen werden. Die hinteren Seitenfenster sind selbstverständlich auch unmittelbar von den Fahrgästen im Fond durch Einzelschalter zu betätigen. Diese Einzelschalter können jedoch mit einem Sicherheitsschalter vom Fahrer blockiert werden. Unbeabsichtigtes Öffnen wird dadurch vermieden. Elektrische Fensterheber können entweder nur für die zwei vorderen oder für alle Seitenscheiben eingebaut werden.

Sicherheitsgurte

Keine andere Sonderausstattung hatte es schwerer, sich gegen Vorurteile durchzusetzen. Heute ist die gute Wirkung der Sicherheitsgurte unbestritten. Nach den Erkenntnissen seiner systematischen, wissenschaftlichen Sicherheitsforschung liefert Mercedes-Benz Dreipunkt-Sicherheitsgurte, die im Falle eines Unfalls sowohl den Ober- als auch den Unterkörper auf dem Sitz festhalten.

Mercedes-Benz Automatic

Ohne Kuppeln und Schalten fährt man mit den Geschwindigkeiten, die der Verkehr erfordert. Beim Überholen werden durch Kick-down (Durchtreten des Gaspedals über Vollgas-Druckpunkt) die notwendigen Kraftreserven freigemacht. Die Automatic schaltet dabei in den zugkräftigsten Gang zurück. Nach dem Überholvorgang wird automatisch wieder in die höheren Gänge geschaltet. Die Schaltvorgänge erfolgen ohne Kraftflußunterbrechung. Gerade das ist einer der größten Vorteile der Mercedes-Benz Automatic.

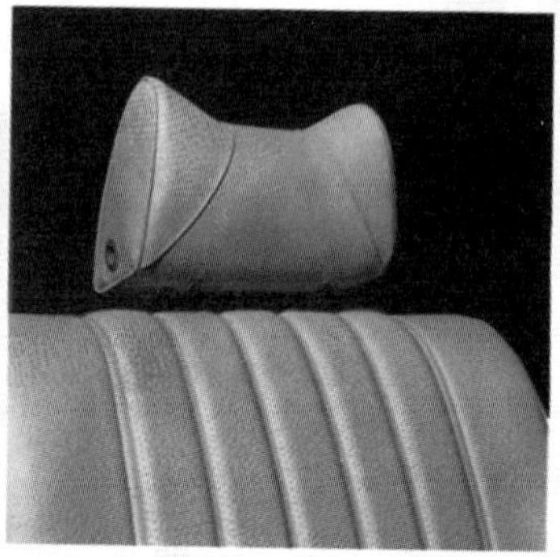

Sicherheitskopfstützen

Mercedes-Benz Sicherheitskopfstützen sind in Höhe und Neigung verstellbar. Je nach Einstellung bieten sie eine breite oder schmale Auflagefläche. Neben der komfortsteigernden Wirkung (muskelentspannende Kopfabstützung) sind sie für Fahrer und alle Insassen eine Sicherheitseinrichtung, um bei Auffahrunfällen die Halswirbelsäule vor Verletzungen zu schützen.

Hier noch ein paar Beispiele

Ausgleichgetriebe mit begrenztem Schlupf,

Daten

Motor	Mercedes-Benz 280 SE Coupé/Cabriolet	Mercedes-Benz 280 SE 3.5 Coupé/Cabriolet
Zahl der Zylinder	6	8
Bohrung/Hub	86,5/78,8 mm	92/65,8 mm
Gesamthubraum	2778 cm³	3499 cm³
Motorleistung nach DIN¹)	160 PS bei 5500 U/min	200 PS bei 5800 U/min
Motorleistung nach SAE	180 gr. HP bei 5750 U/min	230 gr. HP bei 6050 U/min
Max. Drehmoment nach DIN¹)	24,5 mkp bei 4250 U/min	29,2 mkp bei 4000 U/min
Max. Drehmoment nach SAE	26,7 mkp bei 4500 U/min	32,0 mkp bei 4200 U/min
Verdichtung	9,5	9,5
Ölfüllung Kurbelgehäuse max./min.	5,5/3,5 Liter	6,5/4,5 Liter
Inhalt des Kühlsystems	10,3 Liter	13,2 Liter
Lichtmaschine	14 V/35 A	14 V/55 A
Batterie	12 V/55 Ah	12 V/66 Ah
Höchstgeschwindigkeit	ca. 190 km/h	ca. 205 km/h
Reifen, schlauchlos	7,35 H 14 / 185 H 14/6 PR	7,35/185 V 14/6 PR
Kraftstoff	Super	Super
Kraftstoffverbrauch nach DIN 70030²)	12,3 Liter/100 km	13,5 Liter/100 km
Tankinhalt	82 Liter	82 Liter
davon Reserve	ca. 7 Liter	ca. 7 Liter
Gewichte		
Fahrzeuggewicht fahrfertig	Coupé 1510 kg Cabriolet 1590 kg	Coupé 1570 kg Cabriolet 1650 kg
Zulässiges Gesamtgewicht	Coupé 1980 kg Cabriolet 2060 kg	Coupé 2040 kg Cabriolet 2120 kg
Anhängelast, gebremst³)	1200 kg	1200 kg
Anhängelast, ungebremst³)	750 kg	750 kg

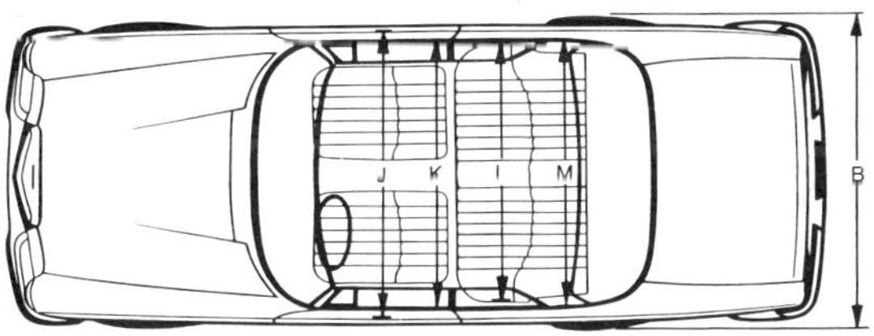

A	Größte Höhe unbelastet	Coupé 1410 mm Cabriolet 1425 mm
B	Größte Breite	1845 mm
C	Größte Länge	4905 mm
D	Radstand	2750 mm
E	Lenkrad-Fahrersitzlehne⁴)	340 mm
F	Sitzhöhe, unbelastet vorn	925 mm
G	Fahrerlehne-Fondlehne⁴)	735 mm
H	Sitzhöhe im Fond	840 mm
J	Breite auf Mitte Polster vorn	1535 mm
K	Breite Fensterschlüssel vorn	1445 mm
L	Breite auf Mitte Polster hinten	1345 mm
M	Breite Fensterschlüssel hinten	1405 mm
Spurweite vorn		1482 mm
Spurweite hinten		1485 mm
Wendekreisdurchmesser		11,68 m
Kofferraum		Coupé ca. 0,53 m³ Cabriolet ca. 0,45 m³

¹) Die angegebene Leistung in PS/DIN ist nach Abzug aller Nebenleistungen an der Kupplung für den Antrieb effektiv verfügbar. Bei der Leistungsangabe in gr. HP/SAE sind die Leistungsaufnahmen der zum Motorbetrieb nicht erforderlichen Nebenaggregate unberücksichtigt.

²) Laut VDA-Revers technische Angaben entsprechend DIN 70020 und 70030. Kraftstoff-Verbrauch nach DIN 70030. Dieser Wert wird ermittelt bei konstanter Geschwindigkeit von 110 km/h auf ebener Fahrbahn und einem Zuschlag von 10 %. Dieses Meßverfahren verwenden alle deutschen Automobil-Hersteller. Die angegebenen Verbrauchswerte werden also unter gleichen Bedingungen ermittelt und sind damit echt vergleichbar. Sie entsprechen jedoch nicht dem tatsächlichen Fahrverbrauch, denn dieser ist je nach Fahrweise, Straßenzustand, klimatischen Verhältnissen etc. verschieden. Der Kraftstoffverbrauch nach DIN 70030 ist also nur ein Vergleichswert, nicht aber der tatsächliche Fahrverbrauch.

³) Die angegebenen Gewichte sind Höchstgewichte. Aufgrund gesetzlicher Bestimmungen gelten außerhalb der Bundesrepublik Deutschland in verschiedenen Ländern andere Gewichte.

⁴) Maße veränderlich je nach Sitzposition.

Inhalt unverbindlich
Änderungen vorbehalten

Die technischen Daten des 280 SE Coupés bzw. Cabriolets als Sechs- und als Achtzylinder im Vergleich.

Mercedes-Benz 230 bis 280 SL

Sollte man einen Nachfolger des 190 SL nennen, würde nur der 1963 eingeführte W 113 in Frage kommen, jener im Volksmund »Pagode« genannte Zweisitzer, dessen Coupédach durch seine etwas nach außen aufgewölbten Seitenkanten entfernt an ein asiatisches Pagodendach erinnern. Paul Bracq hatte diese Dachform entwickelt, angeregt durch ein Patent des Ingenieurs Béla Barenyi, mit der die Oberkante der Türen etwas weiter hinaufgezogen werden konnte – das ergab größere Seitenfenster und einen bequemeren Einstieg. Im übrigen wies der Wagen recht strenge geometrische Linien auf, in Übereinstimmung mit den seinerzeit gültigen Design-Parametern.

War der W 113, der im Verkauf als 230 SL figurierte, ein Sportwagen? Er hatte jedenfalls alle Attribute eines solchen und entsprach der Vorstellung eines GT der sechziger Jahre. Und seine Fahrleistungen bewies er sogar in Wettbewerben, die man zumindest einem 190 SL Vierzylinder nicht zugemutet hatte.

Der schon Ende 1959, Anfang 1960 konzipierte 230 SL besaß einen 150 PS starken Sechszylinder unter der flachen Motorhaube. Der Motor des ihm 1966 nachfolgenden 250 SL besaß zwar ebenfalls »nur« 250 PS, dafür aber eine höhere Elastizität. Erst der 280 SL, gebaut von 1969 bis 1971, lieferte dann 170 PS. Er war mit 23.885 Exemplaren das meistgebaute dieser drei Modelle. Man ließ nichts anbrennen am Steuer eines 280 SL, nutzte seine unerhörte Spurtfreudigkeit und spähte auf langen Autobahngeraden gern nach einem BMW 2800 CS, um sich mit ihm zu messen.

So nüchtern sein Outfit auch war: Der W 113 konnte ein Wolf im Schafspelz sein und trat auch erfolgreich in motorsportlichen Wettbewerben auf, etwa in der Rallye Spa-Sofia-Lüttich 1963

Für Fahrten mit 3 Personen kann auf Sonderwunsch ein Quersitz mitgeliefert werden. Er ist schnell ein- und ausgebaut. Ist es kalt, und Sie fahren im geschlossenen Wagen, werden Sie die Heizungs- und Lüftungsanlage als besonders angenehm empfinden. Die Frischluft wird durch ein Perlonfilter aufgenommen, durchläuft dann das Heizungssystem und erwärmt im Nu den Innenraum. Beim Coupé entweicht die verbrauchte Luft ständig durc Luftauslaßschlitze über dem Heckfenster. B langsamer Fahrt oder im Stand sorgt ein le laufendes stufenlos regelbares Gebläse für eine wirksame Beheizung. Unabhängig von Heizung sind zusätzlich an den Außenseiten der Armaturenanlage zwei Frischluftstrahler eingebaut. Während der Fahrt können Sie d gewünschte Frischluftmenge und ihre Strahl richtung genau einstellen.

Das neuartige Flachdach mit seinen hochgezogenen Dachkanten ermöglicht eine außergewöhnlich großen Sichtwinkel nach oben in allen Richtungen.

230 SL

diesem Wagen gibt es für Sie keine Gepäckraumsorgen.
großer Kofferraum von 340 Liter Inhalt steht zu Ihrer Verfügung.
beste Ausnutzung erzielen Sie mit dem auf Sonderwunsch
erbaren Spezial-Koffersatz. Das Reserverad ist seitlich stehend
eordnet, so daß bei einem eventuellen Radwechsel das Gepäck an
nem Platz verbleiben kann. Der Kofferraum ist beleuchtet und mit
er Gummimatte ausgelegt. Haben Sie noch mehr Gepäck?
ter den beiden Sitzen findet es reichlich Platz!
auf Sonderwunsch lieferbaren Chromleisten haben funktionelle
deutung. An ihnen kann mühelos ein Dachgepäckträger oder Skihalter
erlässig und schonend befestigt werden.

(230 SL) oder im London-Sydney-Marathon 1969 (280 SL). Das letzte Exemplar dieser Baureihe lief Ende März 1971 vom Band, womit insgesamt fast 50.000 »Pagoden« innerhalb von acht Jahren gebaut wurden. Gut die Hälfte wurde exportiert, und sowohl in Deutschland als auch auf den Exportmärkten haben erstaunlich viele dieser Fahrzeuge in Liebhaberhand überlebt: Die Gemeinde der Pagoden-Freunde ist international in Clubs organisiert und schwört auf die Zuverlässigkeit und Langlebigkeit der Objekte ihrer Leidenschaft.

Mit dem Mercedes-Benz der Baureihe W 113 griff man das 190-SL-Thema wieder auf, transponiert in die sechziger Jahre. Aber ohne jene große Emotion, die der 190 SL vom 300 SL einst mit auf den Weg bekommen hatte. Immerhin: Der W 113 avancierte 1963-1971 mit 48.912 Exemplaren zum bis dahin meistverkauften Zweisitzer der Marke Mercedes-Benz, das war beinahe das Doppelte im Vergleich zum 190 SL.

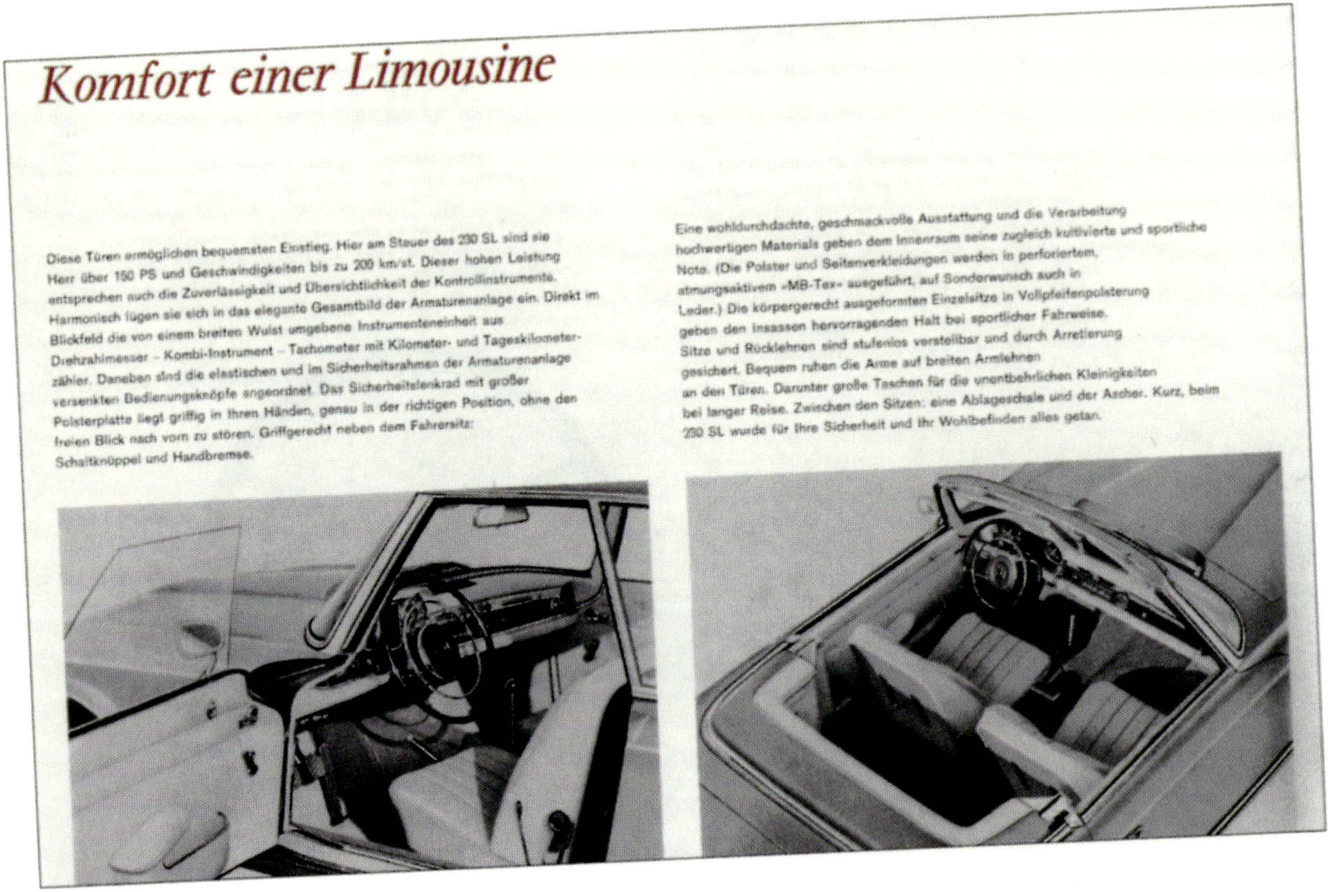
Komfort einer Limousine

Diese Türen ermöglichen bequemsten Einstieg. Hier am Steuer des 230 SL sind sie
Herr über 150 PS und Geschwindigkeiten bis zu 200 km/st. Dieser hohen Leistung
entsprechen auch die Zuverlässigkeit und Übersichtlichkeit der Kontrollinstrumente.
Harmonisch fügen sie sich in das elegante Gesamtbild der Armaturenanlage ein. Direkt im
Blickfeld die von einem breiten Wulst umgebene Instrumenteneinheit aus
Drehzahlmesser – Kombi-Instrument – Tachometer mit Kilometer- und Tageskilometer-
zähler. Daneben sind die elastischen und im Sicherheitsrahmen der Armaturenanlage
versenkten Bedienungsknöpfe angeordnet. Das Sicherheitslenkrad mit großer
Polsterplatte liegt griffig in Ihren Händen, genau in der richtigen Position, ohne den
freien Blick nach vorn zu stören. Griffgerecht neben dem Fahrersitz:
Schaltknüppel und Handbremse.

Eine wohldurchdachte, geschmackvolle Ausstattung und die Verarbeitung
hochwertigen Materials geben dem Innenraum seine zugleich kultivierte und sportliche
Note. (Die Polster und Seitenverkleidungen werden in perforiertem,
atmungsaktivem »MB-Tex« ausgeführt, auf Sonderwunsch auch in
Leder.) Die körpergerecht ausgeformten Einzelsitze in Vollpfeifenpolsterung
geben den Insassen hervorragenden Halt bei sportlicher Fahrweise.
Sitze und Rücklehnen sind stufenlos verstellbar und durch Arretierung
gesichert. Bequem ruhen die Arme auf breiten Armlehnen
an den Türen. Darunter große Taschen für die unentbehrlichen Kleinigkeiten
bei langer Reise. Zwischen den Sitzen: eine Ablageschale und der Ascher. Kurz, beim
230 SL wurde für Ihre Sicherheit und Ihr Wohlbefinden alles getan.

Der 230 SL war ein Zweisitzer. Im Fond hatte nicht einmal ein Kind Platz. Bemerkenswert das noch immer gern benutzte Argument vom Komfort »wie in einer Limousine« – Sportwagen litten allgemein nach wie vor unter dem Image, weniger komfortabel zu sein.

Daß der 230 SL Temperament hatte, durfte man ihm gern bescheinigen: Der Zweisitzer ging mühelos 200 km/h, brauchte bei flotter Fahrt aber auch gut 18 Liter Superbenzin auf 100 Kilometer.

Sportliches Temperament und Sicherheit

Der 2,3-Liter-150-PS-Einspritzmotor ist eine Weiterentwicklung der bewährten 220-SE-Maschine. Er verleiht dem 230 SL eine Geschwindigkeit bis 200 km/st und vor allem eine hervorragende Beschleunigung aus großen Kraftreserven. Es ist selbstverständlich, daß solche Leistungen überlegene Bremsen verlangen: Scheibenbremsen an den Vorderrädern und Turbo-Trommelbremsen hinten – als Servobremsanlage ausgelegt – geben Ihnen in jeder Situation das Gefühl beruhigender Sicherheit. Daß eine sichere Straßenhaftung auch bei einem Sportwagen nicht auf Kosten harmonischer Federung gehen muß, beweist der 230 SL aufs neue: Dieser Federungskomfort einerseits und diese Straßenlage andererseits werden durch feinste Abstimmung aller Federungselemente und des Fahrwerkes erreicht, nicht zuletzt durch die hintere Eingelenkpendelachse mit tiefgelegtem Drehpunkt und Ausgleichsfeder. In zahllosen Versuchen, in vielen harten Rennen und internationalen Rallyes hat die Daimler-Benz AG jenen reichen Schatz an Erfahrungen gesammelt, der den 220 SE zu so überlegenen Erfolgen führte und der Ihnen jetzt auch im 230 SL zu Ihrer Sicherheit zur Verfügung steht. Wie bei den Limousinen ist beim 230 SL die stabile und noch verstärkte Rahmenbodenanlage mit der mittragenden Karosserie zu einem verwindungssteifen Wagenkörper verschweißt. Im Wageninneren sind eine Vielzahl von Sicherheitsmaßnahmen getroffen, wie zum Beispiel Armaturenanlage in stoßabfangendem und stark gepolstertem Sicherheitsrahmen, große, gepolsterte Lenkradnabe, elastische und versenkte Bedienungsknöpfe und -hebel, versenkte Türöffner, gepolsterte Türkanten, gepolsterte, auch seitlich schwenkbare Sonnenblenden, stoßnachgiebiger Innenrückspiegel, Sicherheits-Zapfenschlösser, Befestigungspunkte für Sicherheitsgurte. An diesem Wagen dient in Schönheit und Ästhetik vieles dem Fahrkomfort, aber alles Ihrer Sicherheit.

Daimler-Benz AG Stuttgart-Untertuerkheim Germany

P 1091/1 583 Printed in Germany

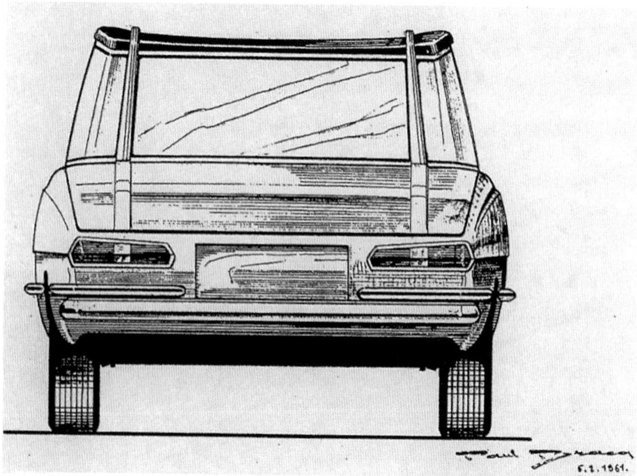

Ein interessantes Dokument zur Geschichte des Sportzweisitzers mit dem Pagoden-Hardtop. Die Skizze stammt von dem französischen Karosserie-Designer Paul Bracq, der in den sechziger Jahren bei Daimler-Benz beschäftigt war. Die Zeichnung trägt das Datum vom 5. Februar 1961. Bis zum Erscheinen des 230 SL sollten noch gut zwei Jahre vergehen.

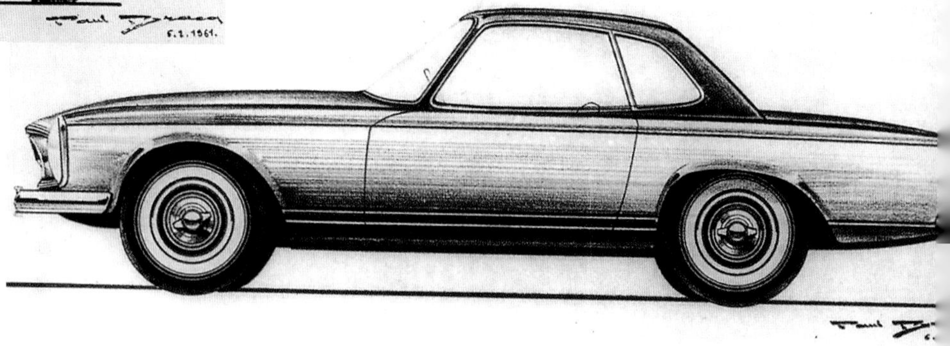

Eine weitere Bracq-Skizze, datiert vom 6. April 1960. Anklänge an den 230 SL sind bereits erkennbar, aber auch an den W 114 von 1968 und an die spätere SLC-Reihe C 107 von 1971.

Rechts: Datenblatt zum 230 SL. 1966 stellte man ihm den 250 SL alias W 113 A zur Seite; das stärkere Modell war also keine unmittelbare Ablösung des W 113.

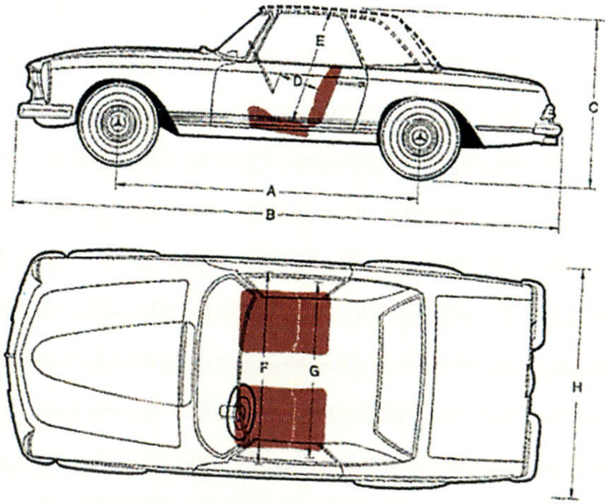

MERCEDES-BENZ

230 SL

A	Radstand	2400 mm
B	Größte Länge	4285 mm
C	Größte Höhe unbelastet Roadster	1305 mm
	Coupé	1290 mm
D	Hintere Kante Lenkrad-Rückenlehne	340 mm
E	Sitzhöhe	915 mm
F	Breite auf Mitte Polster gemessen	1410 mm
G	Breite in Fensterschlüsselhöhe gem.	1335 mm
H	Größte Breite	1760 mm
	Spurweite vorn	1486 mm
	Spurweite hinten	1487 mm
	Bodenfreiheit	139 mm
	Nutzbarer Kofferraum	0,34 m³
	Wendekreisdurchmesser	10,2 m

Technische Daten

Motor

Zahl der Zylinder	6
Bohrung/Hub	82/72,8 mm
Gesamthubraum effektiv	2306 ccm
Motorleistung nach SAE*	170 gr. HP/5600 U/min
Motorleistung nach DIN*	150 PS/5500 U/min
Höchstdrehzahl	6500 U/min
Höchstdrehmoment nach SAE	22 mkg/4500 U/min
Höchstdrehmoment nach DIN	20 mkg/4200 U/min
Verdichtung	9,3:1

Inhalt des Kühlsystems mit Heizung	10,0 Ltr.
Ölfüllung des Kurbelgehäuses max./min.	5,5/3,5 Ltr.

Fahrwerte

Höchst-geschwindigkeit	im 1. Gang	46 km/st
	im 2. Gang	90 km/st
	im 3. Gang	135 km/st
	im 4. Gang	ca. 200 km/st
Steigfähigkeit	im 1. Gang	80 %
	im 2. Gang	32 %
	im 3. Gang	19 %
	im 4. Gang	10 %

Kraftstoff

Fahrverbrauch bei durchschnittlichen Überlandfahrten	10–15 Ltr.
Tankinhalt	65 Ltr.
Reserve	ca. 7 Ltr.
Kraftstoff Super (Premium) bzw. Benzin-Benzol-Gemisch	

Fahrwerk

Schaltgetriebe	DB-Viergangschaltgetriebe vollzwangssynchronisiert, Knüppelschaltung. Auf Sonderwunsch DB-automatisches Getriebe
Hinterachs-übersetzung	1:3,75
Reifengröße	185 x 14
Batterie	12 V 55 Ah
Bremsanlage	Vorn: Öldruck-Scheibenbremse Hinten: Öldruck-Innenbacken-bremse, mit Unterdruck Servo-Bremsgerät
Lenkung	DB-Kugelumlauflenkung mit automatischer Nachstellung und Lenkungs-Stoßdämpfer. Auf Sonderwunsch DB-Servolenkung
Hinterachse	DB-Eingelenkpendelachse mit tiefgel. Drehpunkt und gummigelagerten Schubstreben.

Gewichte

Fahrzeuggewicht, fahrfertig mit Reserverad und Werkzeug Roadster	1295 kg
Zulässiges Gesamtgewicht	1650 kg

* Die angegebene Leistung in PS ist, da alle Nebenleistungen bereits abgezogen sind, an der Kupplung für den Antrieb des Wagens effektiv verfügbar.

Änderungen in Konstruktion und Ausstattung vorbehalten.

1

KRAFTSTOFFBEHÄLTER:

Fassungsvermögen 65 Liter.
Einfüllstutzen hinten rechts.

2

HAUBENENTRIEGELUNG:

MOTORHAUBE öffnen durch:
1. Handgriff links unter dem Armaturenbrett ziehen,
2. Haube öffnet sich, bis der links unter der Haube sitzende Sicherungshaken anschlägt.
3. Winkel am Sicherungshaken hochdrücken,
4. Haube hochheben.

3

MOTORSCHMIERUNG:

Ganzjährig:
SHELL X-100 MOTOROEL MULTIGRAD (HD-OEL 10W/30 für Vergasermotoren)
oder
über + 30 ° C:
SHELL X-100 MOTOROEL 30 (HD-OEL für Vergasermotoren)
von + 10 ° C bis + 30 ° C:
SHELL X-100 MOTOROEL 20 W (HD-OEL für Vergasermotoren)
unter + 10 ° C:
SHELL X-100 MOTOROEL MULTIGRAD (HD-OEL 10W/30 für Vergasermotoren)

4

BATTERIE:

BATTERIE unter der Motorhaube rein und trocken halten.
Alle 14 Tage kontrollieren.
Flüssigkeitsstand nur mit destilliertem Wasser ergänzen (1–1,5/cm oberhalb der Platten).
Polklemmen fest anziehen und mit SHELL Retinax A (Mehrzweckfett) einfetten.

MERCEDES-BENZ TYP 230 SL

Die wichtigsten Punkte für den Tankdienst

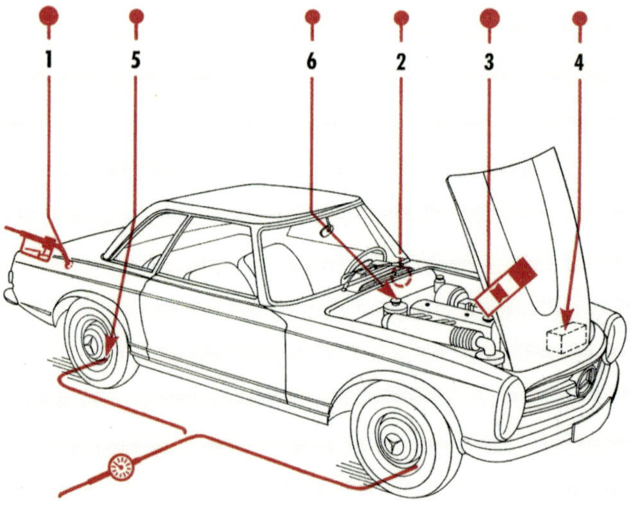

5

REIFENDRUCK:

bei kalten Reifen:
vorn 1,8 atü
hinten 2,2 atü
Reserverad 2,2 atü
Radwechsel alle 9000 km
Reifengröße 185–14 Gürtelreifen mit Schlauch.

6

KÜHLSYSTEM:

Der Kühlwasserbehälter mit dem Einfüllstutzen liegt getrennt vom Kühler auf der rechten Seite unter der Motorhaube.
Wasserstand im Kühlerbehälter kontrollieren, sauberes, kalkarmes Wasser bis zum Markierungsblech nachfüllen.
Mit SHELL Donax C (2,5–5 ccm/Ltr.) (Korrosionsschutzoel) veredeln.
Zum Ablassen des Kühlwassers Ablaßschraube unten am Kühler und links unten am Motor öffnen, sowie am Zylinderkopf den Wasserzulaufschlauch der Heizung abnehmen und nach unten biegen.
Bei Frostgefahr GLYSANTIN auffüllen.

FÜLLMENGEN:

Motor	5,5 Liter
Motor mit Ölfilter	6,0 Liter
Getriebe	1,4 Liter
Achsantrieb	2,5 Liter
Kraftstofftank	65,0 Liter
Kühlsystem mit DB-Heizung	10,8 Liter
Lenkgehäuse	0,3 Liter

SHELL Motortechnischer Dienst

DEUTSCHE SHELL AKTIENGESELLSCHAFT

8/63

Als das Tankstellennetz noch viel dichter geknüpft und die Markenwerkstätten hoffnungslos überlaufen waren, veröffentlichten die Mineralölfirmen solche Schmierpläne. So groß wie ein Blatt Schreibmaschinenpapier, auf festem Karton geruckt und beiderseits mit Folie kaschiert, erfuhr hier der Mann an der Tanke, was denn am Mercedes zu tun war – so er denn mal die Gelegenheit hatte, einen zu warten.

Damals bedeutete Autopflege noch richtig viel Arbeit: Querlenker, Achsschenkel, Gelenkwellen und Lenkhebel mussten alle 3000 Kilometer abgeschmiert werden – »bei stark verschlammten Straßen oder Schneematsch alle 1500 Kilometer«.

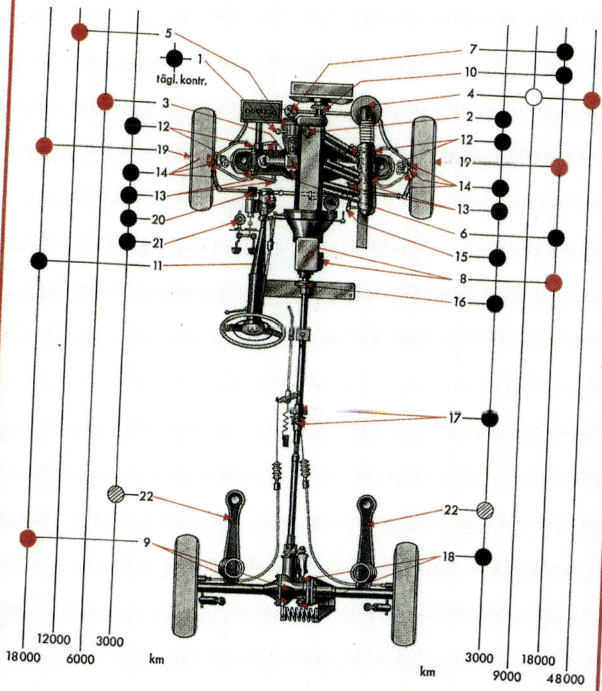

Schmierstelle	Wartungszeit	Schmiermittel
1 Motor-Ölmeßstab 2 Motor-Öleinfüllöffnung 3 Motor-Ölablaßschraube 4 Luftfilter 5 Ölfilter 6 Einspritzpumpe 7 { Zündverteiler-Öler Zündverteiler-Nockenbohrung	täglich Ölstand kontrollieren bei Bedarf nachfüllen 6 000 km Öl wechseln (s. unten) 9 000 km Papiereins. reinigen (s.unt.) 48 000 km Papiereins erneuern (s.unt.) 12 000 km Papiereins. ern. (s. unt.) 18 000 km kontrollieren, nachfüllen 18 000 km mit Öl auffüllen 18 000 km Filz mit 2 Tropfen ölen	Ganzjährig: SHELL X-100 MOTOROEL MULTIGRAD (HD-OEL 10 W/30 für Vergasermotoren) oder über +30° C: SHELL X-100 MOTOROEL 30 (HD-OEL für Vergasermotoren) von +10 Grad bis +30° C: SHELL X-100 MOTOROEL 20W (HD-OEL für Vergasermotoren) unter + 10° C: SHELL X-100 MOTOROEL MULTIGRAD (HD-OEL 10 W/30 für Vergasermot.)
Schlösser, Riegel u. Scharniere Handbremshebel Gelenke und Lagerstellen der Schalthebel Gashebelwelle Gelenke der Hebel, Drahtzüge und Gestänge zur Einspritzpumpe und zum Klappenstutzen Bowdenzug und Sicherungshaken der Motorhaube, Schlösse der Verdeckklappe, Scharniere und Drahtzugende der	18 000 km mit einigen Tropfen Motoröl schmieren	
Frischluftklappe, Türscharniere Verdeckgestänge-Gelenke	bei Frühjahrs- und Herbstdurchsicht mit einigen Tropfen Motoröl schmieren.	
8 { Getriebe-Öleinfüllöffnung Getriebe-Ölablaßschraube	18 000 km Öl wechseln (s. unten)	SHELL DONAX T 6 (Getriebeflüssigkeit)
9 { Achsantrieb-Öleinfüllöffnung Achsantrieb-Ölablaßschraube	18 000 km Öl wechseln	SHELL Getriebeoel Hyp 90
10 Wasserpumpe 11 Lenkgehäuse	18 000 km Ölstand kontrollieren, nachfüllen	
12 Querlenker oben 13 Querlenker unten 14 Achsschenkel 15 Lenkungszwischenhebel 16 Gelenkwelle vorn 17 Gelenkwelle Mitte 18 Hinterachsaufhängung Handbremszwischenhebel	3 000 km 2 l. 2 r. 3 000 km 2 l. 2 r. 3 000 km 3 l. 3 r. 3 000 km 1 3 000 km 1 3 000 km 2 3 000 km 2 } Druckschmierköpfe reinigen u. abschmieren 9 000 km Führung schmieren	SHELL Retinax C
7 { Zündverteiler-Nocken Zündverteiler-Unterbrechergleitstück	18 000 km leicht einfetten 18 000 km Fettkeil erneuern	Bosch Spezialfett
19 Vorderradlager links u. rechts	18 000 km Fettfüllung erneuern (DB-Werkstatt)	SHELL Walzlagerfett
20 Bremsflüssigkeitsbehälter 21 Kupplungsflüssigkeitsbehälter	3 000 km Vorrat kontrollieren, bei Bedarf nachfüllen	Ate BLAUE ORIGINAL BREMSFLUSSIGKEIT
22 Federn u. Fahrgestell	bei Bedarf reinigen und absprühen	SHELL Donax P (Absprühoel)

ÖLWECHSEL Motor: Öl bei km-Stand 500, 3000, 6000 und dann alle 6000 km betriebswarm ablassen und frisch befüllen. Bei ausschließlich Stadtfahrten oder bei Fahrten in staubigen Gegenden Öl alle 3000 km wechseln.

Ölfilter: Papiereinsatz nach den ersten 3000 km, dann nach jeweils 12 000 km erneuern.

Getriebe: Öl bei km-Stand 500, 18 000 und dann alle 18 000 km betriebswarm ablassen und frisch befüllen

Druckschmierköpfe vor dem Abschmieren vom Schmutz säubern. Defekte oder fehlende Druckschmierköpfe sofort ersetzen. Bei stark verschlammten Straßen oder bei Schneematsch, sowie bei besonders schlechten Straßen alle 1500 km abschmieren.

Luftfilter: Bei vorwiegend Fahrten auf staubigen Straßen öfter reinigen bzw. erneuern. Reinigung erfolgt durch Ausblasen (max. 5 atü) der Patrone von außen und innen unter gleichzeitigem leichten Ausklopfen. Gehäuse und Deckel auswischen.

Dezent ragt die Frontpartie eines 230 SL auf der Titelseite der Mercedes-Hauszeitschrift »In aller Welt« ins Bild.

Der 250 SL, im Dezember 1966 vorgestellt, hatte einen Motor mit etwas mehr Hubraum, aber gleicher Endleistung. Ein höheres Drehmoment und vor allem eine sieben- statt vierfach gelagerte Kurbelwelle kamen dem Spurtvermögen und der Lebensdauer des Motors zugute. Ein Inserat vom Frühjahr 1967.

Sie können Ihren 250 SL als Roadster oder als Roadster mit Coupé-Aufsatz bestellen.

Mit dem Fahrwerk und dem Motor eines Sportwagens, aber mit dem Komfort einer Reiselimousine

Der neue Mercedes-Benz 250 SL

Warum ändern wir jetzt den Mercedes-Benz 230 SL, obwohl er in einem einzigen Jahr mehr gekauft worden ist als der berühmte 190 SL in 6 Jahren?

Weil wir in der Entwicklung unserer Fahrzeuge nicht stehenbleiben.

Hier die wichtigsten Änderungen

Der Motorhubraum ist größer. 2,5 Liter. Die Kurbelwelle läuft jetzt in 7 wertvollen Lagern. Der Effekt? Noch weit ruhigerer Lauf als bisher. Der Motor verhält sich außerordentlich elastisch. In Verbindung mit dem hohen Drehmoment ermöglicht das ein kraftvolleres Beschleunigen in den einzelnen Gängen aus niedrigen Drehzahlen heraus. Im Stadtverkehr fahren Sie den 250 SL jetzt in ruhigeren, motorschonenden Drehzahlen.

Neu sind auch die groß bemessenen Scheibenbremsen an allen 4 Rädern und der Bremskraftregler. Zweikreis-Bremssystem und Servobremsanlage sind ja für einen Mercedes-Benz ohnehin Selbstverständlichkeiten.

Der 250 SL ist selbstverständlich auch mit Mercedes-Benz Automatischem Getriebe und Servolenkung lieferbar.

Damit ist der neue 250 SL mehr als bisher ein Automobil mit der Kraft eines echten Sportwagens, dem Komfort einer Reiselimousine und der Sicherheit eines Mercedes-Benz.

Mit dem neuen Mercedes-Benz 250 SL ist das Mercedes-Benz Personenkraftwagen-Programm für 1967 vollständig.

Weitere Änderungen in unserem Pkw-Programm wird es in diesem Jahr entgegen anderslautenden Gerüchten nicht geben!

Mercedes-Benz

Der 280 SL mit Coupédach.
In seiner Grundausstattung
wird dieser Wagen als Roadster
(mit Klappverdeck) geliefert.
Soll das Coupédach –
eine der zahlreichen Sonderausstattungen –
aufgesetzt werden,
muß man das Roadsterverdeck
zurückklappen.

Das Coupédach
mit seiner Pagodenform
gibt dem 280 SL sein rassiges Profil.
Stilistik und Funktion dieses Dachs
sind ideal kombiniert:
in der Mitte niedrig,
an den Seiten hochgezogen.
Deshalb konnten die Seitenfenster
außergewöhnlich groß gestaltet werden.

Deutlich verrät dieses Bild die Herkunft des Beinamens »Pagode«, der sich auf die leicht nach außen aufgewölbten seitlichen Dachkanten des Hardtops bezieht.

Auch fast 40 Jahre nach seiner Auslieferung für eine Pressemeldung aus dem DaimlerChrysler Konzernarchiv gut: der 230 SL, den der Belgier Claude Picasso im Mercedes Classic Center in Fellbach bei Stuttgart fit machen ließ.

Zu den Einbauten gehört Überrollbügel und Hosenträgergurte. Der Wagen, hier zu sehen auf der Einfahrbahn in Untertürkheim, nahm anschließend an einer Langstreckenrallye teil, die den Sohn des Bildhauers von London aus in 80 Tagen 28.000 Kilometer um die Welt führte.

All the pleasures of sports car driving–and none of the privations.

The Mercedes-Benz 280SL departs from other sports cars in two respects.

First, it does not resemble a rocketship or a fugitive from a racetrack. It is sporty, but deliberately *un*flashy. It will never embarrass you, whether you are keeping fast company in a road rally—or arriving at the White House.

Second, it is one thoroughbred sporting machine that *isn't* stark or cramped. That *doesn't* make you pay for soul-stirring performance with ringing ears and stiff joints.

It is a *civilized* sports car. For *grown-ups*.

Concluded *Road & Track* after putting the 280SL through blistering tests: "For those who have less than $10,000 to spend, and value finesse, pure quality and drivability more than jazzy looks, it is alone in the field."

If the *idea* of such a sports car intrigues you, read on.

Superb handling

The 280SL gives you the leechlike roadability of *all-independent* suspension. Unequal-length A-arms and anti-sway bar up front. Low-pivot swing axles and trailing arms at the rear. The 58½-inch track is five inches wider than a Porsche, eight inches wider than an XK-E. "Fully controlled, power drifts are this car's bag in the corners," confides *Motor Trend*.

You stop with the awesome authority of massive, 10-inch caliper-type *disc* brakes at *every* wheel.

You're blessed with precise, recirculating-ball-type steering. Turning radius: tighter than a VW "Beetle." Optional power steering: "The best available anywhere"—*Road & Track*.

Heart? A sophisticated, overhead-cam, 6500-rpm fuel-injection engine with 7-main-bearing crankshaft—built *and bench-tested for 60 minutes* to cruise above 100 mph on Germany's autobahns for hours on end.

Summary: Some tigers will outdrag you from 0 to 60 on a straightaway. But few, if any, will get around you on the corners—and almost nothing will beat you from 60 down to 0 at a stoplight.

(A nice, grown-up's victory.)

"Fantastic" limousine ride

And now, the big difference.

In searching for words to praise the almost sinful livability of the 280SL, experts tend to grope upward toward the same adjectives.

"The ride, over all sorts of roads, is fantastic," says *Road & Track*, simply.

"The Limousine Sports Car," rhapsodizes *Motor Trend*. "For a car that performs so well in the handling department, the 280SL has a fantastic ride...comfort is everything and more than it is in many luxury sedans."

The 280SL replaces the raucous bellow of most sports cars with a soothing hum. You can actually converse with your passenger in normal tones.

Amenities

Inside, the car is proportioned for everyday adults, not acrobats. In a direct comparison with a Porsche, a Corvette, and an XK-E, *Road & Track's* experts unanimously rated the 280SL the *most* comfortable.

The cockpit is lavishly finished in rugged MB Tex or (optional) rich leather—including, of course, the *interior* of the glovebox.

There are *separate* controls to help you and your passenger adjust climate. A remarkable lever at the driver's fingertips performs *four* functions. Less showy, perhaps, than four extra dash buttons—but far handier.

Give the 280SL a quick once-over yourself. Flip up the trunk lid. Nine cubic feet of luggage space. Finger the wood trim. Real walnut, not plastic. Open the door. Chromed on the *edges*. Close it. Thunk.

Unconventional? Defiantly so. Mercedes-Benz does not build conventional cars—and never will.

Why not visit your nearest Mercedes-Benz dealer soon, and arrange to take an SL out for a spin?

Driving is believing.

MERCEDES-BENZ

Ein 1967 in dem amerikanischen Automagazin Road & Track erschienenes Inserat, das den 280 SL ankündigt. Daimler-Benz verfügte jetzt über eine eigene Vertriebsorganisation in den Vereinigten Staaten.

Im Mai 1967 veröffentlichter, sehr umfangreicher Prospekt, der den 280 SL beschreibt. Fröhliche Menschen, freundliche Farben sind wieder da …

Ratschläge für Reisende: Eine 68-seitige Broschüre im Format der Bedienungsanleitungen, herausgegeben vom Export-Service der Untertürkheimer. Wohl schmückt das Titelbild ein W 113, doch innen sind ausschließlich Strichacht- und S/SE-Limousinen zu sehen. Für ausgedehnte Reisen war der SL-Kofferraum wohl zu klein.

Durch eine zusätzliche Sitzbank im Fond
haben auf kürzeren Strecken
4 Personen Platz.
Die Rückenlehne der Bank
kann nach vorn geklappt
und als zusätzlicher Gepäckraum
genutzt werden.
Wenn die Sitzbank eingebaut werden soll,
muß aus Platzgründen
das Roadsterverdeck entfallen.
Statt dessen wird der Wagen
mit dem abnehmbaren Coupédach geliefert.

Das voll versenkbare Cabrioverdeck verleiht dem offenen Fahrzeug eine schlanke Silhouette und läßt keinen Zweifel an der Definition »Sportwagen«. Großzügige Farbfotos geben diesen Prospekt besonderen Pfiff.

Die Grundausstattung des 280 SL umfaßte zwar vieles, aber weder Kopfstützen noch Sicherheitsgurte. Die waren 1967 auch noch nicht obligatorisch.

Achsen
Vorderachse:
Achsträger mit Doppel-Querlenkern;
Hinterachse:
Mercedes-Benz Eingelenk-Pendelachse
mit Ausgleichfeder.

Getriebe
Vollzwangssynchronisiertes 4-Gang-Getriebe
mit Mittelschaltung;
selbstnachstellende Membranfederkupplung.

Federung
An Vorder- und Hinterachse
je zwei Schraubenfedern,
je zwei doppeltwirkende
hydraulische Teleskopstoßdämpfer;
vorn: ein Drehstab-Stabilisator;
hinten: Ausgleichfeder.

Bremsen
Zweikreis-Servo-Bremssystem
mit Bremskraftregler;
Scheibenbremsen vorn und hinten;
Feststellbremse
mit zusätzlichen Bremsbacken
und Bremstrommeln;
Kontroll-Licht
für die Funktion der beiden Bremskreise.

Lenkung
Exakte, selbstnachstellende,
leichtgängige Kugelumlauf-Lenkung;
großflächige Polsterplatte
auf der Lenkradnabe;
Pralltopf unter der Polsterplatte;
teleskopartig ineinanderschiebbare
Lenksäule;
Lenkgetriebe
weit hinter der Vorderachse angeordnet.

Karosserie
Feste Verschweißung
der Rahmenbodenanlage mit dem Aufbau;
optimale Sicht nach allen Seiten;
leichtschließende Türen.

Sitze
Körpergerecht geformt,
stoßfest verankert,
ausgeformt für seitlichen Sitzhalt;
Sitzfederung auf Fahrzeugfederung
und Sitzposition abgestimmt;
Sitze in Längsrichtung und Lehnenneigung
verstellbar;
stufenlos verstellbare Rückenlehne;
Ruhesitzeinrichtung;
Lehnen-Arretierung.

Frontscheibe
Scheibenwaschanlage;
Scheibenwischer, gegenläufig,
mit zwei Geschwindigkeitsstufen,
betätigt durch den Kombinationsschalter
am Lenkrad.

Grundausstattung

Klar ablesbare,
blendfrei angeordnete Instrumente,
direkt im Blickfeld des Fahrers.

Sportwagen
bieten normalerweise
nicht so viel Raum
(und damit weniger Komfort)
wie Limousinen.
Die Fahrzeugform
beherrscht die Konstruktion.
Das ist bekannt.

Nicht so beim
Mercedes-Benz 280 SL.
Er wurde von innen nach außen konstruiert.
Das bedeutet:
größtmögliche Bewegungsfreiheit
im Innenraum
bei verkehrsgerechten Außenmaßen.
Trotz optimaler Raumgröße –
ist dieses Fahrzeug
deshalb handlich und wendig;
selbst im Vergleich
mit erheblich kleineren Wagen,
die außerdem eindeutig
weniger Komfort und Sicherheit bieten.

Sitze
Im Mercedes-Benz 280 SL
wird die Reaktionsfähigkeit
des Fahrers
durch körpergerechte Sitzposition erhalten.
Die Sitze
sind anatomisch richtig geformt
und bieten festen seitlichen Halt.
Sitzfederung
und Fahrzeugfederung
sind aufeinander abgestimmt.
Beide Federungen
sind in allen Geschwindigkeitsbereichen
gleich wirksam.
Mercedes-Benz baut feste Sitze
mit straffen Sitzpolstern,
um den Körper zu stützen.
Lüftungskanäle der Polsteroberfläche,
Wollwattefüllungen
und Haarauflagen
gewährleisten,
daß die Sitze ventilieren
und die bei der Körperatmung
entstehende Feuchtigkeit
ausgezeichnet abgeleitet wird.

Die Fahrerposition am Lenkrad
ist anatomisch richtig.
Man spürt es auf großen Reisen.
Die Sitze
sind als Ruhesitze ausgelegt.

Heizung und Lüftung
sind in einem wirkungsvollen,
stufenlos regulierbaren System
zusammengefaßt.

Komfortabel

Komfort – in zeitgemäßem Sinne – ließ sich beim 280 SL groß schreiben. Der Einspritzmotor hatte, wie die Typenbezeichnung aussagt, 2,8 Liter Hubraum (und 170 statt bisher 150 PS). Auf Wunsch erhielt man den Wagen mit einer Getriebeautomatik.

Ein 1968 veröffentlichtes Inserat des Karosseriewerkzeug-Herstellers und Daimler-Benz-Zulieferers August Läpple, Heilbronn. Unverkennbar gehört die abgebildete Stahlblech-Rohform einem W 113 …

Mercedes-Benz 350 SL bis 500 SLC

Zwei Buchstaben voller Verheißung: SL. Sie stehen für die Worte »Sport« und »Leicht«, und seit dem legendären Flügeltürer von 1954 gilt ein Mercedes-Benz mit der Modellbezeichnung SL als eine automobile Besonderheit der oberen Preiskategorie. Die Pagoden-Hardtop-Roadster waren letztlich aber nur ein Übergang zu einer weiteren Klassikerreihe im SL-Bereich, die beinahe zwei Jahrzehnte lang gebaut und unter der Typenchiffre 107 unsterblichen Mercedes-Benz-Ruhm erlangen sollte.

R 107 hieß der ab 1970 gebaute Roadster, C 107 das ein Jahr später vorgestellte Coupé. Und wie stets, gab es während der gesamten Bauperiode bis zum September 1989 nur geringe äußere Veränderungen am Wagen, während sich in der Motorisierung innerhalb dieser Zeitspanne sehr viel tat.

Anfangs gab es den 350 SL mit einem 3,5-Liter-V8-Motor. Es folgten die Modelle 450, 280, 500, 560, 380, 300, 420. All diese Typenbezeichnungen weisen auf den Hubraum der betreffenden Maschinen (bis auf zwei Ausnahmen alles V8-Motoren) hin. Man durfte sich durch die luxuriöse Ausstattung eines 107 nicht täuschen lassen – er war ein potentieller Sportwagen, der seine Qualitäten in härtesten Rallye-Einsätzen unter Beweis stellte und es mit starken Herausforderern aufnahm.

Besonders interessant war der im April 1980 vorgestellte 500 SL mit seinem 4973-ccm-V8 und einer Leistung von 245 PS. Der 225 km/h schnelle Zwei-plus-zwei stand bei seiner Präsentation mit 62.000 Mark in der Preisliste (kostete aber 1984 schon 13.000 Mark mehr) und unterschied sich von den anderen, hubraumschwächeren Modellen durch eine schwarze Spoilerkante auf dem Heck.

Die Coupéausführungen des 107 hießen in der Werbung und im Vertrieb SLC. Er sei für entspanntes, aber schnelles Fahren gebaut, und der Komfort dominiere über die Sportlichkeit, schrieb der spätere Porsche-Pressechef Manfred Jantke 1971 über den 350 SLC in auto, motor und sport: »Jetzt gibt es einen SL für jeden!« Vor allem auch für die Schaltfaulen: nämlich mit automatischem Getriebe. Man hatte Veranlassung, ein altes Vorurteil abzulegen, wonach ein sporticher Wagen nur manuell zu schalten sei. Die hohe Nennleistung und das satte Drehmoment des V8 zumindest lieferten in allen Drehzahlbereichen soviel Vortrieb, daß man ans Schalten gar nicht mehr denken mußte. »Ein verführerischer Wagen, mit dem aber auch Langsamfahren Spaß macht«, wie sich der Autotester Paul Eicher 1980 über den 380 SLC äußerte.

Der SLC sah aus wie ein SL mit aufgesetztem Hardtop, das ab Sommer 1978 im Preis des offenen R 107 mit einbegriffen war, vorher aber einen Aufpreis von 2400 Mark gekostet hatte. Das Fahrwerk des Coupés war mit dem des SL identisch, mit einer Ausnahme: Die Hinterachsaufhängung war die vom W 115 (Strich-Acht Limousine). »So sehr mir die seidenweiche, fast sexy zu nennende Art des Jaguar gefallen hat, oder das gute Aussehen des BMW, so bleibt der Mercedes-Benz SLC doch der Wagen, für den ich mich entscheiden würde,« schrieb David E. Davis in einem Vergleichstest der amerikanischen Zeitschrift Car and Driver. Er gab zu, ein hartgesottener Mercedes-Fan zu sein …

Inserat zur Einführung der Modellreihe 107, als Cabrio 350 SL genannt, erschienen im März 1971. Die Formulierung der Headline und die Ausführlichkeit des Textes sind – zumindest für eine Daimler-Benz-Anzeige – ungewöhnlich.

Titelseite der Mercedes-Benz-Zeitschrift Aus aller Welt mit einem 350 SL als Fotomotiv direkt vor den Toren des Konkurrenten BMW – am Münchner Olympiapark, 1972 erbaut.

Der im Oktober 1971 herausgekommene C 107 alias 350 SLC Coupé galt von Anfang an als ein Klassiker. Seine Proportionen, seine Kraft und seine Ausstrahlung verhalfen ihm zu großer Begehrlichkeit. Das Fahrzeug kostete bei Erscheinen 33.690 Mark, das waren fast 4000 Mark mehr als das Cabriolet.

Argumente zum Thema Sicherheit im Mercedes-Benz Coupé.

Aus einem Gesamtprospekt, gedruckt auf dem für die Mercedes-Werbemittel dieser Epoche typischen genarbten Papier. Außen waren diese Prospekte stets im edlen Silber gehalten, die spezielle Oberflächenbehandlung sorgte dafür, dass keine Fingerabdrücke haften blieben. Wie gehabt umfasste das Programm drei SL-Modelle mit Motoren von 177 bis 217 PS. Im Gegensatz zu späteren Baujahren gehörte das Hardtop nicht zum serienmäßigen Lieferumfang.

Komfort, der Maßstäbe setzte, im 350 SLC.

Titelseite eines Prospektes für den 350 SLC.

Die Langlebigkeit des C 107, von der hier die Rede ist, entspricht auch dem Anliegen eines Mercedes-Benz-107-Clubs, der schon wenige Jahre nach dem Debut dieses Modells von Enthusiasten ins Leben gerufen wurde.

Rechts: Publikumswerbung für den SL ist selten: In den siebziger Jahren wurde der noble Zweisitzer eher verteilt als verkauft. Und wenn Anzeigen geschaltet wurden, dann handelte es sich mehr um Image-, weniger um Produktanzeigen. Diese Offerte für den 450 SL erschien Ende 1976 im Fachblatt auto motor und sport.

Im März 1973 wurde der 450 SL vorgestellt. Sein Motor wies ein sehr viel stärkeres Drehmoment als der des 350 SL/SLC auf. Serienmäßig gab es Getriebeautomatik; Handschaltung war in Verbindung mit dem größeren V8 nicht zu bekommen.

■ Geräumiger Platz für zwei Personen, Solidität, Sicherheit und Komfort einer großen Limousine, Fahreigenschaften eines Sportwagens - das sind die wichtigsten Merkmale der international erfolgreichen SL-Modelle.

Der Platz hinter den klappbaren Sitzen ist leicht zugänglich und kann als zusätzlicher Gepäckraum genutzt werden. Auf Wunsch lassen sich zwei Kindersitze einbauen.

Die mit ■ versehenen Text- und Bildaussagen betreffen alle drei Modelle, die in diesem Katalog beschrieben sind: 280 SL, 350 SL und 450 SL.

■ Durch einen Luftkanal sind die Türen an das Heizungs- und Lüftungssystem angeschlossen.

■ Die runden Kontroll-Instrumente - an der obersten Begrenzung der Sicherheitsarmaturenanlage zentral zusammengefaßt - sind mit einem Blick zu übersehen.

■ Der Außenspiegel ist bei geschlossenem Seitenfenster von innen einstellbar.

Technische Besonderheiten en masse: Der 450 SL bot für 36.630 Mark jede Menge Mercedes-Benz-Qualität.

Ab Juli 1974 war der SL auch mit einem 2,8 Liter großen Sechszylindermotor zu erhalten – eine sparsamere Alternative zum V8 Modell.

280 SL

Die sportlichen Modelle 350 SL und 450 SL wurden um einen neuen Typ ergänzt: Mercedes-Benz 280 SL. Äußerlich gleich – abgesehen von der Typenbezeichnung am Heck – unterscheiden sich die drei Modelle in ihren Motorleistungen.
Der 280 SL ist mit dem seit Jahren bewährten 6-Zylinder-Doppelnockenwellen-Motor ausgerüstet, der zu den modernsten Hubkolbenmotoren der Welt zählt.
Gute Beschleunigung und müheloses Anpassen an jede Verkehrssituation ist damit garantiert.

6-Zylinder-Doppelnockenwellen-Motor mit elektronisch gesteuerter Benzineinspritzung: 185 PS/DIN bei 6000 U/min bzw. 136 kW bei 6000/min.

350 SL

Der Mercedes-Benz 350 SL ist ein schnelles, doch sicheres Fahrzeug: Höchstgeschwindigkeit ca. 210 km/h. Aber es gibt Wichtigeres als Spitzengeschwindigkeiten. Einfädeln in den fließenden Verkehr, aus Grundstücksausfahrten, Parklücken oder Autobahn-Einfahrten heraus muß schnell erfolgen. Autofahrer werden um so leichter damit fertig, je besser die Beschleunigungswerte ihres Wagens sind. Deshalb verfügt der 350 SL über einen starken 3,5-l-V8-Motor mit 200 PS/DIN (147 kW).
Dieser Motor beschleunigt den Wagen in 9,5 s von 0 auf 100 km/h.
Zügiges, beherrschtes Fahren und kompromißlose Fairneß ist die Formel für den heutigen Straßenverkehr. Mercedes-Benz baut seine Automobile für Fahrer, die das verstehen.

Leichtmetall-Felgen und Coupédach gehören zu den Sonderausstattungen. Serienmäßig werden alle drei SL-Modelle als Roadster (mit Klappverdeck) geliefert.

Über Scheibenbremsen an allen vier Rädern mußte man nicht mehr große Worte verlieren, die wiesen 1974 alle besseren Sport- und Hochleistungswagen auf. Über die Vorteile der geriffelten Heckleuchten vom neuen Mercedes-Benz wurde indes viel diskutiert.

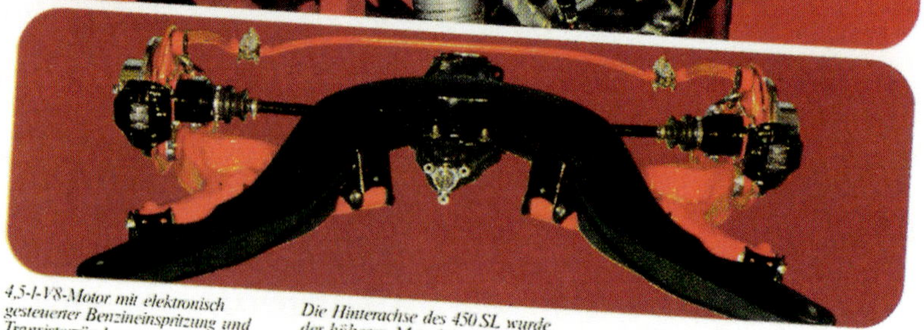

4,5-l-V8-Motor mit elektronisch gesteuerter Benzineinspritzung und Transistorzündung. 225 PS/DIN bei 5000 U/min bzw. 165 kW bei 5000/min.

Die Hinterachse des 450 SL wurde der höheren Motorleistung durch einen Anfahrmoment-Ausgleich angepaßt. Das Eintauchen des Hecks beim Beschleunigen wird damit völlig ausgeschaltet.

Der 450 SL ist serienmäßig mit der 3-Gang-Wandler-Automatic und Mittelwählhebel ausgerüstet.

Die Heck-Leuchteinheit ist durch ein im Windkanal erforschtes Oberflächen-Profil unempfindlich gegen Verschmutzung.

Zweikreis-Servo-Bremssystem mit Scheibenbremsen an allen vier Rädern. Vorn: innenbelüftete Bremsscheiben.

Ein Mercedes-Benz 450 SL in Australien.

Mit dem C 107 wurden einige strapazenreiche Langstrecken-Wettbewerbe bestritten, von denen auch dieses Inserat vom Dezember 1978 berichtet. Star der Südamerika-Rallye: Andrew Cowan, zuvor Sieger im London-Sydney-Marathon.

Richtung Zukunft: Innenseite des sechsseitigen Prospektes für den 450 SLC 5.0. Dieser 270 PS starke SL-Ableger entstand nur in kleiner Stückzahl zu Homologationszwecken; aus der geplanten Rennkarriere dieses Modells wurde aber nichts. Im Prospekt ist davon natürlich keine Rede, hier wird das Über-Coupé als Antwort auf begrenzte Rohstoffreserven, Energie- und Umweltprobleme bezeichnet. Und der Verbrauch beträgt nur 14,5 l/100 km, gemessen laut DIN. Im Kleingedruckten steht dann: »ermittelt mit max. 110 km/h auf ebener Fahrbahn … Der Kraftstoffverbrauch nach DIN ist also nur ein Vergleichswert, nicht aber der tatsächliche Fahrverbrauch«.

PRENOM: MERCEDES SEXE: MASCULIN

Mis à part le prénom, Mercedes, qui peut faire rêver à une belle Andalouse, on ne peut dire que ces modèles manquent de virilité ! Toute l'histoire de la firme de Stuttgart a été associée à ces mots magiques : puissance, vitesse ! Evidemment, en 1886, le tricycle haut perché de Karl Benz ne dépassait pas souvent les 18 km/h avec son moteur de 1,5 ch. Mais très vite, la course – déjà une excellente technique publicitaire – devait amener la marque allemande à créer des modèles de plus en plus puissants, de plus en plus rapides. En 1911, une Mercedes enlevait le record du monde de vitesse pure à 228 km/h. Mais les plus fameux modèles de ce constructeur furent, sans aucun doute, les célèbres SSKL, dotées d'un 8 cylindres, de 7 l, de 300 ch., qui atteignaient 235 km/h en 1931. Plus tard, toujours fidèle à cette tradition de puissance et de vitesse, Mercedes-Benz produisait la mémorable 300 SL, la meilleure GT des années 1950, reconnaissable à

Man denke bei dem Namen Mercedes zuerst an eine schöne Andalusierin, meint der Autor (und schreibt die 228 km/h des berühmten Blitzen-Benz von 1911 irrtümlich einem Mercedes zu): Bericht über den 350 SL in dem französischen Herrenmagazin Lui.

Nur geringfügig hat sich das Interieur bei den neuen R-107-Modellen geändert.

Als 1980 der 380 SL und der 500 SL die Modelle 350 und 450 SL ablösten, blieb der Sechszylinder 280 zunächst noch im Programm. Dies ist die Titelseite eines Prospektes vom Februar 1981.

Der Motor des 380 SL hatte 3818 ccm Hubraum und 218 PS, der des 500 SL 4973 ccm und 240 PS. Bis kurz vor Drucklegung dieses Prospektes standen die offiziellen Höchstgeschwindigkeiten (215 bzw. 225 km/h) noch nicht fest, und daß die Angaben in allerletzter Minute eingefügt wurden, darf man der unterschiedlichen Schriftgröße dieser Zahlen und dem »ca.« entnehmen, das ihnen in diesem Prospekt vorangestellt ist.

»Voll entschärfter Innenraum«: Auch im SL-Prospekt spielte die Insassensicherheit eine wichtige Rolle. Der Prospekt-Doppelseite mit der Ansicht des Armaturenbretts folgte dann, auf der nächsten Seite, die ausführliche Beschreibung der getroffenen Maßnahmen zur Verbesserung der aktiven wie passiven Sicherheit.

Nach der ersten Stunde schon wie zu Hause und Stunden später noch frisch. Durchdachter Raum- und Fahrkomfort der SL-Typen.

Die drei SL-Modelle sind typisch für sportliche Mercedes-Benz Fahrzeuge, nicht unbedingt typisch für Sportwagen im allgemeinen. Sie sind weder eng, noch unbequem, noch spartanisch ausgestattet. Ihre Sportlichkeit äußert sich auch nicht in harter Federung oder röhrendem Motorgeräusch.

Große, weit zu öffnende Türen machen den Einstieg auf die beiden Sitze frei, die bequemen Platz und Bewegungsfreiheit bieten.

Die Sitze sind gut ausgeformt, geben festen seitlichen Halt, ohne zu beengen, und sind in ihrer Qualität vom Stahlfederkern, über luftdurchlässige Auflagen, bis zum wertvollen MB-Tex-, Stoff- oder Lederbezug kaum zu übertreffen.

Durch die präzise Abstimmung der straffen Sitzpolsterung mit der Radfederung werden den Körper strapazierende Schwingungen vermieden.

Sitze und Sitzposition wirken der Ermüdung, selbst bei stundenlanger Fahrt, wirksam entgegen. Die Sitze lassen sich in Längsrichtung, die Lehnen stufenlos verstellen. Zusätzlich kann der Fahrersitz in der Höhe eingestellt werden.

Die großvolumigen, ebenfalls verstellbaren Kopfstützen dienen, zusammen mit den automatischen Dreipunkt-Gurten, der Sicherheit.

Die Ausgestaltung des Innenraums zeigt ein kultiviertes Niveau. Fußraum, Boden- und Stauraum hinter den Sitzen sind mit Teppich ausgekleidet. Schönes Material und geschmackvolle Farbabstimmung schaffen eine gediegene Atmosphäre, die zum Wohlbefinden beiträgt.

Gutes Sehen, sicheres Fahren.

Guter Rundumblick nach außen, über die handlichen Abmessungen der Karosserie und auf den Verkehr. Spiegelfreie Windschutzscheibe aus Sicherheits-Verbundglas. Große Wischfelder des dreiarmigen Scheibenwischers (zwei Geschwindigkeiten plus Intervallschaltung). Seitenfenster und Heckfenster in Verbindung mit abblendbarem Innenspiegel und verstellbarem Außenspiegel geben dem Fahrer einen ausgezeichneten Überblick und machen ihn zu einem aufmerksamen Partner im Verkehr.

Getriebeautomatik – im SL mit V8-Motor eine Selbstverständlichkeit.

Das abnehmbare Hardtop war im Lieferumfang einbegriffen. Wahlweise gab es eine geräumige Gepäckablage im Fond oder zwei Kindersitze, womit der R 107 zum Zwei-plus-zwei wurde.

Im Januar 1988 gedruckter Prospekt für die neuen SL-Modelle 300 und 420 der Baureihe 107, die dem 500 SL zur Seite gestellt wurden.

Er war Traumwagen seiner Zeit, der Mercedes-Benz der Modellreihe R 107, und er ist es immer noch. Als 420 SL kostete er 1985 bereits 82.300 Mark.

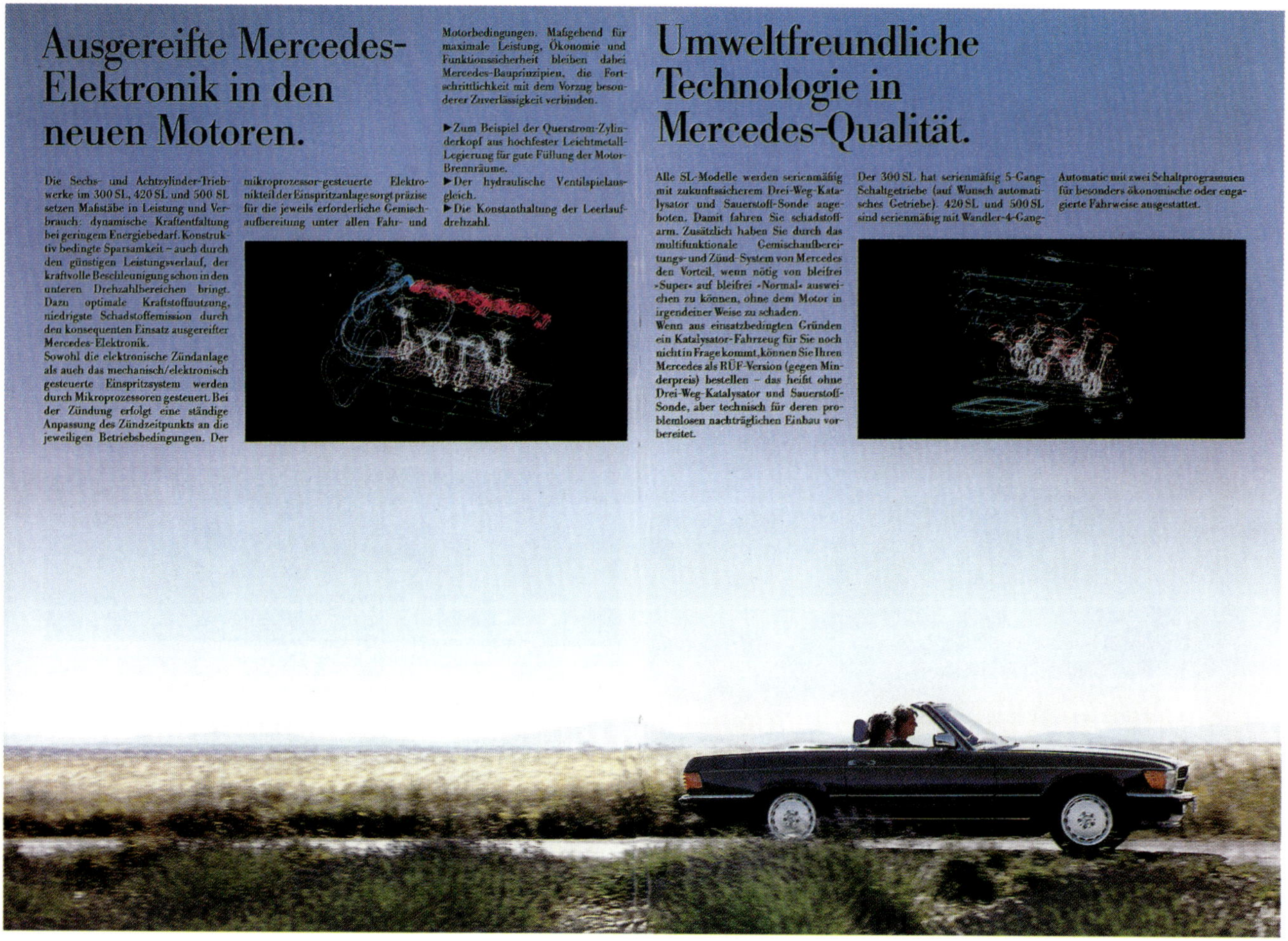

Mitte der achtziger Jahre setzte sich ein neuer, frischerer Werbestil durch. Obwohl die typische Mercedes-Schrift beibehalten worden war, sorgte Kunstgriffe wie etwa der Verzicht auf weiße Flächen oder die in das Hauptmotiv integrierten Detailansichten (»Einklinker«) für einen flotteren Auftritt.

Die Spoilerlippe war beim 500 SL serienmäßig. Zum Glück vermochte aber selbst dieser stilistische Missgriff die Eleganz des Wagens nicht zu beeinträchtigen.

Das Fahrwerk: ein System für hohe Fahrqualität.

Den dynamischen Leistungen der Motoren entspricht das Fahrwerk, das alle von Triebwerk und Fahrbahn verursachten Kräfte souverän aufnimmt und sicher verarbeitet.

Das SL-Fahrwerk ist die vollendet in sich abgestimmte Basis für die hohe aktive Fahrsicherheit: Diagonal-Pendelachse hinten – mit Bremsmoment-Abstützung und zusätzlichem Anfahrmoment-Ausgleich bei den Achtzylinder-Modellen. Im Interesse des hohen Geräuschkomforts ist das Hinterachsgehäuse elastisch gelagert.
Alle Fahrwerksaggregate sind über dämpfende und isolierende Lager mit der Rahmenbodenanlage verbunden.
Die modifizierte Vorderachse mit reduziertem Lenkrollradius optimiert den Geradeauslauf. Dadurch spürbare Steigerung der Lenkpräzision.

Der Wendekreisdurchmesser von nur wenig mehr als 10 Metern: Merkmal für ein äußerst wendiges Fahrzeug. Durch Mercedes-Servolenkung höchste Lenkpräzision und Leichtgängigkeit bei voller Erhaltung des Fahrbahnkontakts. Die gesamte SL-Klasse hat serienmäßig Lederlenkrad und Lederwählhebel bzw. Lederschalthebel.
Alle Modelle mit Zweikreis-Servo-Bremssystem – mit Festsattel-Scheibenbremsen an allen vier Rädern, Unterdruck-Bremskraftverstärker und serienmäßigem Anti-Blockier-System.
Besonders groß dimensionierte Bremsscheiben vorn mit Innenbelüftung.

Wenn die Bremsbeläge erneuert werden sollten, wird das beim Bremsen rechtzeitig durch Aufleuchten einer Kontrolleuchte angezeigt. Im weiteren eine Funktions-Kontrolleuchte für das Anti-Blockier-System.
Alle SL-Typen haben Leichtmetallräder in neuem Design. Das bedeutet: sportlicher Ausdruck, Gewichtsersparnis und Verbesserung der Aerodynamik.

Keine Form ohne Funktion.

Die strömungsgünstige Fahrzeugkarosserie mit ihrer abfallenden Frontpartie und der leicht ansteigenden Seitenlinie wurde im Windkanal erarbeitet. Weniger Luftwiderstand aber bedeutet weniger Kraftstoffverbrauch. Der Spoiler unter dem Kühler ist ein Schritt weiter in dieser Richtung. Er optimiert die aerodynamisch gute Form und macht außerdem, über verringerten Auftrieb an der Vorderachse, das Fahrverhalten noch sicherer.

Die glatten Flächen und abgerundeten Ecken, die rundum entschärfte Form dient der äußeren Sicherheit. Das Verletzungsrisiko wird beim Unfall so klein wie möglich gehalten.

In den Leuchtelementen vorn und hinten ist zusammengefaßt, was dem besseren Sehen und Gesehenwerden dient.

Asymmetrisches Abblendlicht, starke Halogen-Scheinwerfer vorn, seitlich herumgezogene großflächige Blinker, Park-, Rück- und Bremslicht hinten, mit integrierter Nebelschlußleuchte und zwei Rückfahrscheinwerfern.

Die tief gerillte Abdeckung der Heckleuchteneinheit verhindert schnelles Verschmutzen. Die Erkennbarkeit der Signale bleibt länger erhalten. Für die Scheinwerfer vorn gibt es auf Wunsch eine Wisch- und Waschanlage.

Die in die stabilen Fensterholme eingearbeiteten Schmutzabweiser halten die Seitenscheiben sauber. Der aerodynamisch geformte Außenspiegel ist von innen einstellbar. Die elastischen Profile in den Stoßfängern verhindern Chrombeschädigungen, und die gefaßten Leisten an den Seiten funktionieren als Stoßschutz und verhindern überdies die Verschmutzung der oberen Karosserieseiten.

Tiefsitzende Halogen-Nebellampen verringern die Sichtbehinderung des Fahrers durch lichtreflektierenden Nebel. Die strömungsgünstige Neigung der Frontscheibe schließt gleichzeitig Spiegelungen aus. Durch nach unten gezogenen Auspuff wird die Karosserie sauber gehalten und der nachfolgende Verkehr nicht beeinträchtigt.

1981 in Japan erschienene Anzeige eines Mercedes-Benz-Händlers, dessen Firmenbezeichnung »Autobahn« lautet …

In der Optik waren die drei SL-Varianten praktisch nicht voneinander zu unterscheiden, sieht man einmal von Spoiler und Leichtmetallrädern im 500 SL ab. Allerdings konnten, natürlich gegen Aufpreis, auch die kleineren Modelle damit ausgestattet werden.

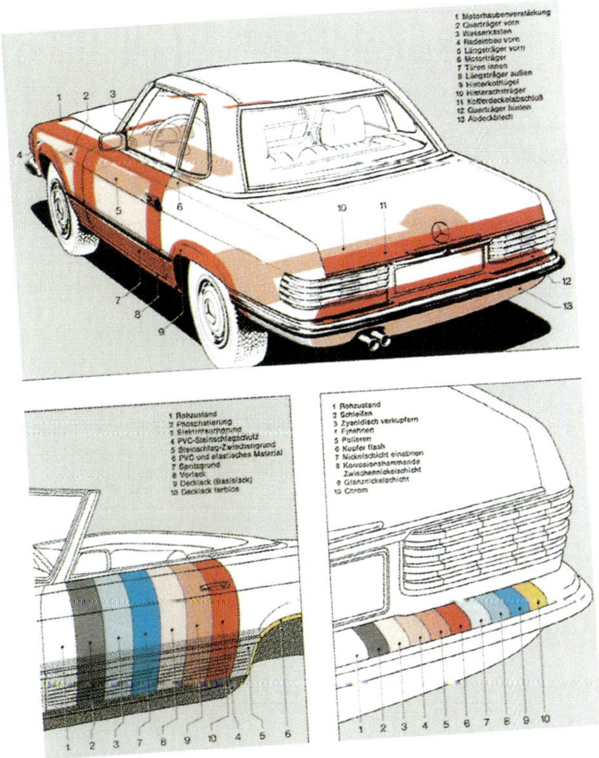

Information über den Aufbau der Schichten bei der Karosserie und bei den Chromteilen.

Diese Broschüre war nur zum internen Gebrauch gedacht, um Mercedes-Benz-Verkäufer mit den richtigen Argumenten zu versorgen. Sie stammt von 1979.

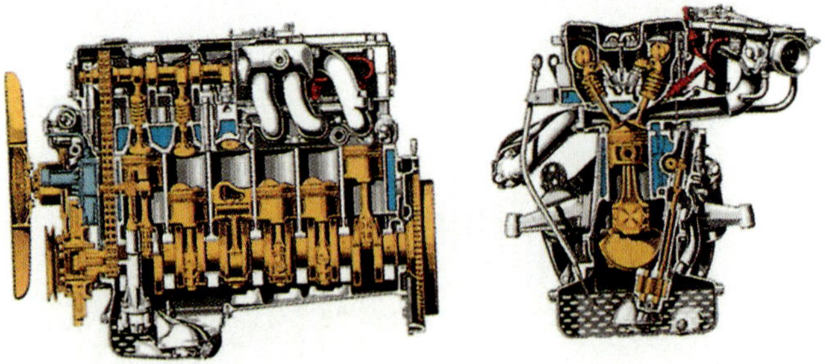

Die Argumentationsbroschüre enthält sehr detaillierte technische Informationen, wie hier zum Sechs- und zum Achtzylindermotor.

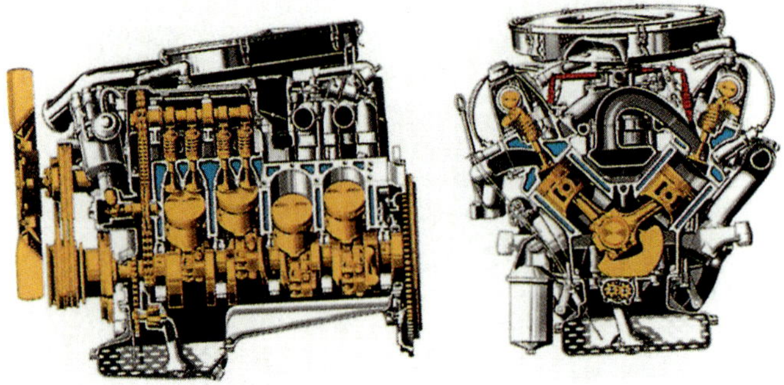

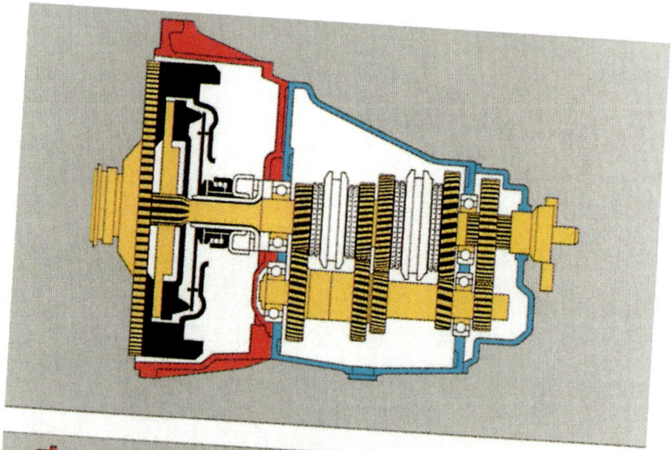

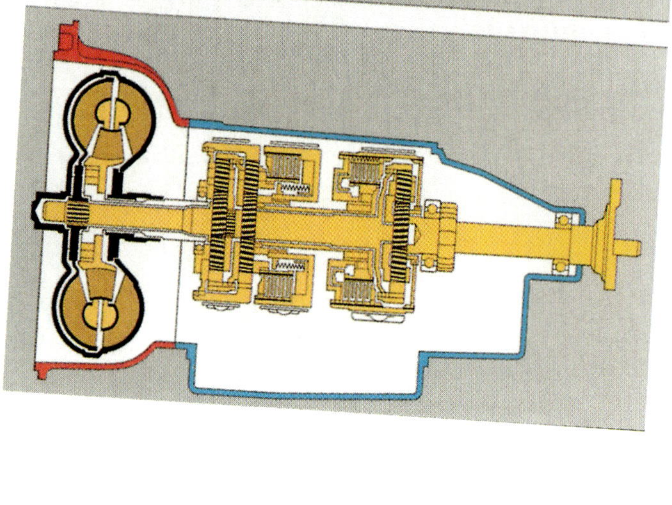

Das handgeschaltete Getriebe gab es beim SL nur mehr in Verbindung mit dem 2,8-Liter-Motor. Alle Fahrzeuge mit V8-Motor stattete man mit Automatik aus.

Auf Wunsch erhielt der SL Zentralverriegelung (das war 1979 eine noch sehr ungewöhnliche Einrichtung), Sitzheizung und eine Scheinwerfer Wisch-Waschanlage.

Mercedes-Benz SL. Technische Daten.

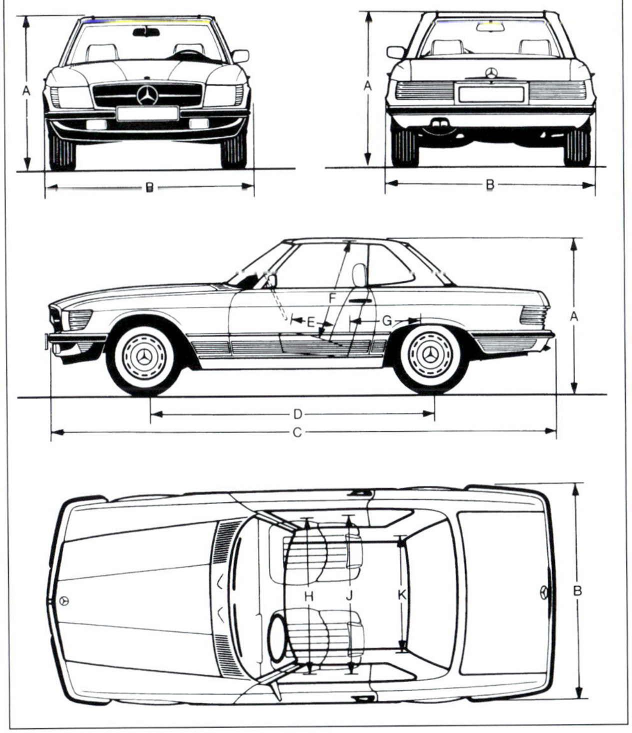

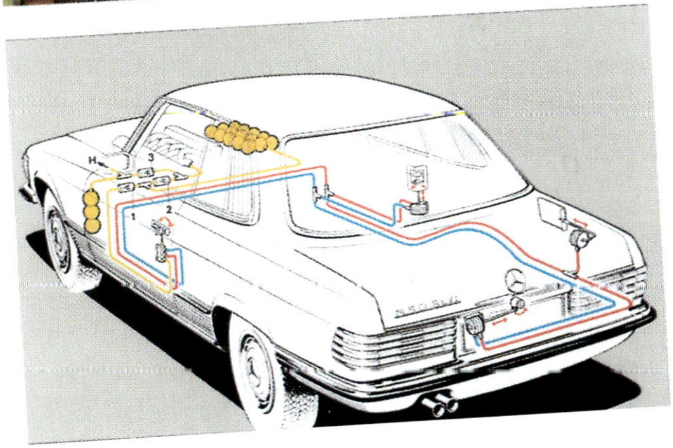

Im Aufriss: der SL. Es bedeuten:
A = Höhe (Coupé 1290, Cabrio 1300 mm),
B = Breite (1790 mm); C = Länge (4390 mm),
E = Abstand Lenkrad/Sitzlehne (488 mm),
F= Sitzhöhe (Coupé 928, Cabrio 936 mm);
G = Abstand Fahrerlehne/Rückwand (480 mm);
H = Breite auf Mitte Polster (1310 mm), J = Breite Fensterschlüssel (1348 mm); K = Breite Fondraum (1440 mm).

Mercedes-Benz 300 SL bis SL 600

Zwei Jahre nach dem Daimler-Benz-Jubiläumsjahr, 1988, überraschte Mercedes-Benz den Connaisseur mit den Baureihen 129 und 140. Die offenen Wagen rangierten unter der Chiffre 129, die geschlossenen – also Limousinen und Coupés – gehörten zur Baugruppe 140.
Dem Anspruch eines Superlativ-Automobils wurde vor allem der im August 1991 präsentierte 600 SL mit V12-Motor gerecht. Der Motor 600 SL alias R 129 war wie der des Coupés C 140 ein Vierventiler mit vier obenliegenden Nockenwellen und leistete 394 PS (oder, wie es jetzt offiziell nur noch hieß, 290 kW). Bei seiner Einführung kostete das Nobelcabrio 219.650 Mark, einschließlich Hardtop.
Das gelungene Design des 600 SL sicherte ihm sofort die Sympathie der Sternanbeter. Aber es mußte ja nicht unbe-

Die in den Prospekten verwendeten Farbfotografien vom R 129 waren von unübertroffenem Reiz.

Nur wenig hat die Silhouette des R 129 mit der des R 107 noch gemein, dessen legitimer Nachfolger er war.

dingt ein V12 sein: Es gab ab März 1989 im gleichen Erscheinungsbild den Sechszylinder 300 SL, knapp 94.000 Mark teuer (gegen 10.000 Mark Aufpreis in Vierventil-Technik: R 129 E 30/2), und den Achtzylinder 500 SL mit »nur« 4973 ccm und 329 PS bzw. 240 kW. Kostenpunkt: 131.000 Mark. Mit geänderter Nomenklatur bot Mercedes-Benz ab 1993 einen SL 280, einen SL 320, einen SL 500 und einen SL 600 an.

Diese Cabriolets (fast möchte man sie in alter Tradition als Roadster bezeichnen) der Baureihen 129 gingen in die Mercedes-Benz-Historie als Klassiker der neunziger Jahre ein. Ihre Qualitäten resultierten aus einem hohen technischen Standard (Raumlenker-Hinterachse, Niveauregulierung serienmäßig), bester Verarbeitung sowie einem enormen Leistungs- und Komfortpotential.

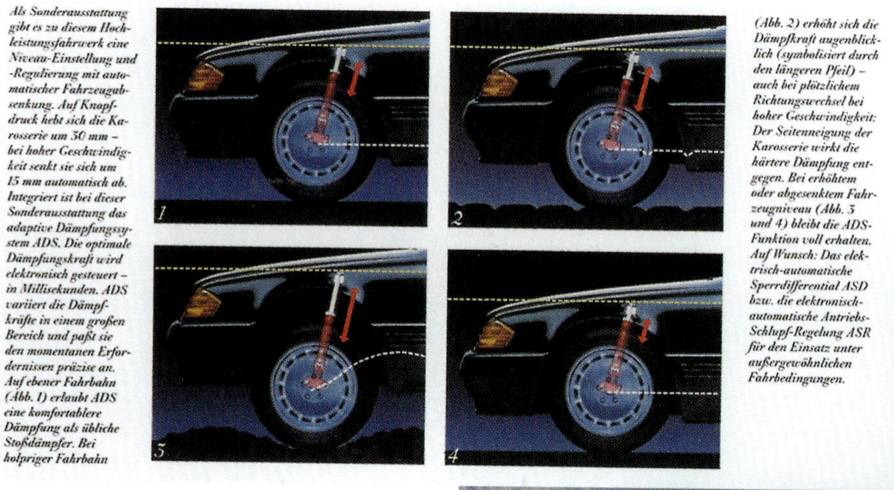

Als Sonderausstattung gibt es zu diesem Hochleistungsfahrwerk eine Niveau-Einstellung und -Regulierung mit automatischer Fahrzeugabsenkung. Auf Knopfdruck hebt sich die Karosserie um 30 mm – bei hoher Geschwindigkeit senkt sie sich um 15 mm automatisch ab. Integriert ist bei dieser Sonderausstattung das adaptive Dämpfungssystem ADS. Die optimale Dämpfungskraft wird elektronisch gesteuert – in Millisekunden. ADS variiert die Dämpfkräfte in einem großen Bereich und paßt sie den momentanen Erfordernissen präzise an. Auf ebener Fahrbahn (Abb. 1) erlaubt ADS eine komfortablere Dämpfung als übliche Stoßdämpfer. Bei holpriger Fahrbahn (Abb. 2) erhöht sich die Dämpfkraft augenblicklich (symbolisiert durch den längeren Pfeil) – auch bei plötzlichem Richtungswechsel bei hoher Geschwindigkeit: Der Seitenneigung der Karosserie wirkt die härtere Dämpfung entgegen. Bei erhöhtem oder abgesenktem Fahrzeugniveau (Abb. 3 und 4) bleibt die ADS-Funktion voll erhalten. Auf Wunsch: Das elektrisch-automatische Sperrdifferential ASD bzw. die elektronisch-automatische Antriebs-Schlupf-Regelung ASR für den Einsatz unter außergewöhnlichen Fahrbedingungen.

Auf Sonderwunsch beim SL erhältlich: Eine Niveaueinstellung bzw. -regulierung mit automatischer Absenkung des Fahrzeugs bei zunehmender Geschwindigkeit.

Der Targabügel war bei vielen Cabriolets einst ein vernünftiges Zugeständnis an das Sicherheitsdenken, er harmonierte aber nur selten mit der Gesamtoptik des Wagen. Beim Mercedes-Benz SL schnellte der Schutzbügel (in Sekundenbruchteilen) nur empor, wenn er elektronisch aktiviert wurde, und zwar durch eine risikogesteuerte Auslösesituation.

Eine Augenweide: der SL. Gleich auf der dritten der 26 Seiten starken Broschüre von 1994 kann sich der Käufer selbst ein Bild davon machen: Oben offen oder geschlossen, der SL macht immer eine gute Figur.

Es ist immer wieder verblüffend, wie spielerisch elegant sich das solide Verdeck zusammenfaltet und innerhalb 30 Sekunden vollkommen unter der Abdeckung verschwunden ist. Umgekehrt sieht man es dem schnittigen Roadster nicht an, daß er im nächsten Augenblick eine raffinierte Konstruktion aus der Versenkung holt, um sie zu einem wetterfesten Dach zu entfalten. Alles von einem millimetergenau koordinierenden Programm gesteuert. Und geschlossen so dicht, daß unter dem Roadsterdach kein Hauch zu spüren ist. Technisch ebenso perfekt wie ästhetisch. High-Tech für unbegrenzten Fahrgenuß bei jedem Wetter.

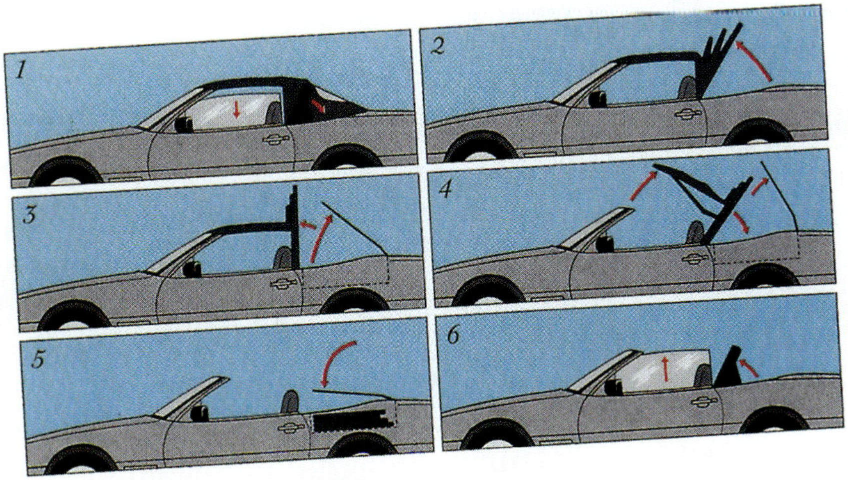

Funktionsschema der elektromechanisch betätigten Verdeck-Konstruktion.

Als Mercedes-Benz ab Juli 1992 den SL mit V12-Motor (R 129) auszuliefern begann, hatte die Automobilwelt einen neuen Superlativ. Auch in der Werbung gab es frische Akzente.

Die hier gezeigten Luxus-Zutaten waren zum Teil bereits serienmäßig mit an Bord, so etwa das Windschott (unten rechts).

Luxus nimmt immer schönere Formen an.

Die Atmosphäre im Innenraum des SL ist auch bei geöffnetem Verdeck keine halbe Sache. Formschönheit in allen Einzelheiten und die exklusive Eleganz hochwertiger Materialien sind hier – wortwörtlich – offensichtlich. Die Designlinie des Interieurs ist auf das Äußere des SL perfekt abgestimmt. Der Boden und der untere Teil der Instrumentenanlage sind mit Feintuft-Velours belegt. Mitteldom und Griffelemente in den Türen sind mit Wurzelnußholz verkleidet.

Eine Reihe abschließbarer Ablagemöglichkeiten, die alle über die serienmäßige Innenzentralverriegelung gesichert werden können, ist harmonisch in den Innenraum integriert. Und zusätzlich zu den vielen serienmäßigen Besonderheiten gibt es noch einige individuelle Extras, die ein schöner Beweis dafür sind, daß Luxus nichts Überflüssiges sein muß.

Serienmäßig gibt es für den SL auch eine „innere Zentralverriegelung", mit der vom Schloß des Brillenfachs aus alle Stauräume im Wageninneren verriegelt werden können.

Dazu gehören auch die Behälter hinter dem Schalt- bzw. Wählhebel, das Ablagefach zwischen den Sitzen, die beiden Türtaschen und die beiden Stauräume im Fond.

Die auf Wunsch lieferbare Memory-Schaltung (SL 600: serienmäßig) kann die persönlichen Einstellwerte für jeweils drei Personen speichern. Sie sind dann durch einen einzigen Knopfdruck jederzeit abrufbar. Die Memory-Schaltung schließt sämtliche Sitzeinstellfunktionen ein, dazu die Kopfstützen- und Gurthöhenverstellung. Auf Wunsch können auch die Lenkradposition (bei elektrisch einstellbarer Lenksäule; SL 500 und SL 600 serienmäßig) und die Einstellung der Rückspiegel in die Memory-Schaltung einbezogen werden.

Die sportlich-eleganten Leichtmetall-Scheibenräder im 8-Loch-Design sind als Sonderausstattung für alle SL-Modelle lieferbar.

Die serienmäßige Zentralverriegelung ist auf Wunsch auch mittels Infrarot-Sender fernbedienbar. Der Sender ist im Schlüssel integriert und ändert mit jedem Tastendruck den Code seines Signals. Der Code ist damit praktisch nicht zu „knacken".

Kleine Ursache mit großer Wirkung: Ein klappbares Windschott (Serienausstattung) in Form eines in einen Rahmen eingespannten Netzes unterbindet das Auftreten lästiger Luftströme und Turbulenzen, wenn der SL bei geöffnetem Verdeck mit hoher Geschwindigkeit gefahren wird.

Der neue SL. Offen für ein großes Erlebnis.

Mit dem neuen SL von 1989 setzt Mercedes-Benz diese legendäre Sportwagen-Tradition fort. Mit dem heute wie damals geltenden Ziel, richtungweisend zu sein für technische Innovationen und exklusiven Stil. Ein Ziel, das zu einer der größten Herausforderungen für Mercedes-Benz wurde.

Denn rasante Sport-Roadster gab es bereits, auch luxuriöse Coupés und sichere Limousinen. Was es aber noch nicht gab, war ein Sportwagen, der Leistung, Sicherheit und Komfort zusammen auf gleich hohem Niveau anbietet, verbunden mit ästhetischem Sport-Design und in kompromißloser Qualität.

Diesen Sportwagen gibt es jetzt. Der neue Mercedes SL verbindet auf faszinierende Weise Tradition mit Innovation und bietet seinem Fahrer Leistung, Sicherheit und Komfort nicht nur auf hohem, sondern auf unvergleichlichem Niveau.

Beispielhafte Beispiele. Wo man hinsieht – intelligente Technik, zukunftsweisende Lösungen: Der automatisch funktionierende Überrollbügel. Der in zehn Richtungen verstellbare Integralsitz mit gekoppelter Höhenverstellung von Kopfstütze und Sicherheitsgurt. Der mikroskopisch fein arbeitende Staubfilter der Belüftung. Das vollautomatisch öffnende und schließende Verdeck. Das weiterentwickelte Fahrwerk, auf Wunsch mit automatischer Niveau-Regulierung und adaptivem Dämpfungs-System. Die kennfeldgesteuerte Verstellung der Einlaß-Nockenwelle für die neuen Vierventil-Motoren.

Man sprach vom Sport-Roadster und meinte natürlich ein Cabriolet. Und den neuen R 129 gab es natürlich nicht nur als Zwölfzylinder: In Gestalt eines 300 SL war er Mitte 1988 herausgekommen, ferner gab es einen 500 SL, später (ab Februar 1993) auch einen 380er und einen 320er.

Sportlichkeit und Fahrkomfort sind keine Gegensätze mehr.

Zur unvermeidlichen Charakteristik „echter" Sportwagen schien seit den Anfängen des Automobils ein Fahrwerk zu gehören, das die Fahrzeuginsassen zu keiner Zeit über die kleinsten Unebenheiten der Fahrbahn im unklaren läßt. Versuche, einer komfortableren Fahrwerksauslegung den Vorzug zu geben, waren zwangsläufig mit Einbußen in der Fahrpräzision und Sicherheit verbunden.

Es lag deshalb auf der Hand, für den SL eine Fahrwerkskonzeption zu wählen, die auf der in anderen Mercedes-Baureihen bereits bewährten Kombination von Dämpferbein-Vorderachse und der berühmten Raumlenker-Hinterachse basiert und für die speziellen Anforderungen des SL modifiziert wurde.

Diese Weiterentwicklung ist schlichtweg das Optimum dessen, was heute in der Fahrwerkstechnik leistungsstarker Automobile sowohl unter dem Aspekt Fahrsicherheit als auch hinsichtlich des Fahrkomforts möglich ist.

Jedes Hinterrad wird durch fünf perfekt aufeinander abgestimmte Lenker geführt: Federlenker, Zugstrebe, Schubstrebe, Sturzstrebe und Spurstange.

Missverständnis: Natürlich verkraftetet der SL klaglos auch flottere Gangarten, doch wer ihn als Sportwagen bezeichnete, hatte ihn missverstanden: Dieser Mercedes war seinerzeit der wohl beste Gran Turismo der Welt.

Ein Mercedes ist immer ein Mercedes.

Auch in seiner sportlichsten Form ist ein Mercedes immer ein Mercedes. Konstruktive Qualität und Verarbeitungsqualität besitzen einen gleich hohen Stellenwert. Was würden schließlich die besten Produktionsmethoden nützen, wenn konstruktive Mängel ständige Nachbesserungen erforderten? Und was nützte die beste Konstruktion, wenn ihre Vorzüge in der Fertigung nicht hundertprozentig zu sichern wären?

Mercedes-Benz gibt zu all dem noch einiges hinzu, was für den schon sprichwörtlichen Werterhalt der Fahrzeuge mit dem Stern ausschlaggebend ist. Unzählige Konstruktionsdetails sind wartungsfrei und verschleißmindernd ausgelegt.

Zur Grundierung und Lackierung der Karosserie werden ebenfalls Verfahren und Materialien eingesetzt, die dem absolut neuesten Stand der Technik entsprechen und die zudem besonders umweltverträglich sind. Mit dem hohen Anteil elektrolytisch verzinkter Bleche, die nahezu 60% des Rohbaugewichts ausmachen und ganz gezielt an allen besonders gefährdeten Stellen zum Einsatz kommen, erreicht der SL in puncto Korrosionsschutz ein kaum noch zu überbietendes Niveau. Eine Bestätigung dafür liefern nicht zuletzt Millionen von Testkilometern, in denen der SL unter extremsten Bedingungen bewies, wie hart er im Nehmen ist.

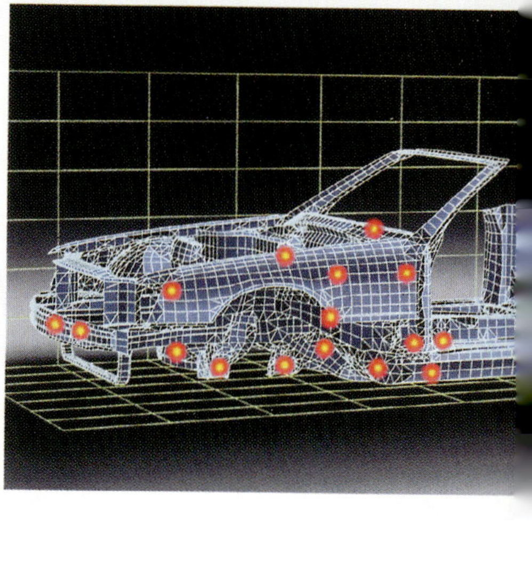

Modernste Technologien werden für den Langzeitschutz des SL eingesetzt. Die mit Hilfe feinfühliger Elektronik aufgenommene Hohlraumkonservierung schützt so zuverlässig und dauerhaft, daß eine Nachbehandlung während der gesamten Betriebszeit des Fahrzeugs nicht erforderlich ist.

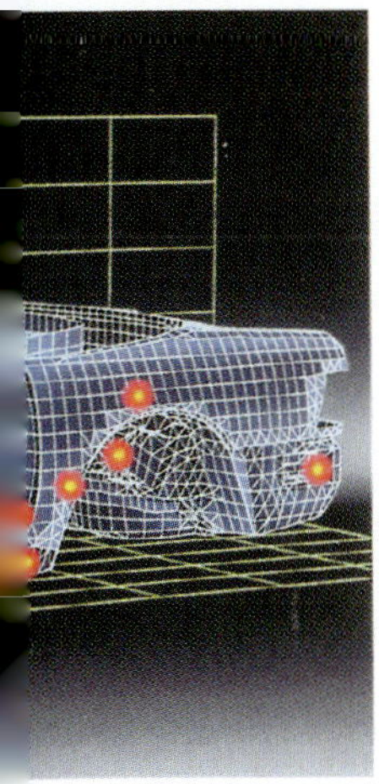

Boxenfertigung des SL: Kreisförmig sind die Stellplätze in den Montagesternen um den Drehteller angeordnet. Mittels Drehteller und Heber werden die Fahrzeuge auf die Montageebene abgesenkt. Der Teller dreht bis zu einem freien Stellplatz. Automatisch rollt die Karosse in die Box, in der Zweier- und Dreier-Teams die Montagearbeiten vornehmen. Bevor die Fahrzeuge die Box wieder verlassen, prüfen die verantwortlichen Teams mit Hilfe eines Rechners jedes kleinste Detail. Wenn ein Fehler entdeckt wird, bleibt das Fahrzeug so lange in der Box, bis die erforderlichen Korrekturen durchgeführt sind.

Stern-Schmiede: Blick in die SL-Fertigung in Bremen. Mercedes entwickelte dafür neue Produktionsmethoden. Die Montage zum Beispiel erfolgte in sogenannten Boxen, der Anteil an Handarbeit war relativ hoch.
Das unscharfe Bild ist übrigens gewollt, es zeigt den SL auf dem Rüttelprüfstand, der »innerhalb von nur drei Minuten die Belastungen einer 1.000-km-Straßenfahrt simuliert«.

Auto-Legenden

nostalgisch festgehalten in der Reihe »Schrader-Motor-Chronik«

Walter Zeichner
Porsche 356 1948–1965
Faksimile-Wiedergaben der interessantesten Werbemittel über den Porsche 356.
96 Seiten, 122 Bilder
Bestell-Nr. 87041 **€ 12,–**

Halwart Schrader
Deutsche Autos der Wirtschaftswunderjahre
Vom Lloyd bis zum Käfer, von der Borgward Isabella bis zum Buckel-Taunus.
180 Seiten, 246 Bilder, dav. 62 in Farbe
Bestell-Nr. 87170 **€ 12,90**

Walter Zeichner
Mercedes-Benz
Hier leben zwei vergriffene Bände wieder auf: Die Ponton- und Heckflossenmodelle, die Limousinen und Cabriolets.
192 Seiten, 242 Bilder, dav. 24 in Farbe
Bestell-Nr. 87216 **€ 12,90**

Martin Roland
Opel 1938–1977
Die Rüsselsheimer Flagg-Schiffe in Form von Prospekten und Anzeigen.
96 Seiten, 147 Bilder, davon 17 in Farbe
Bestell-Nr. 87224 **€ 12,–**

Halwart Schrader
100 Automobil-Klassiker 1950–2000
Der 100. Band der »Schrader-Motor-Chronik« vermittelt einen Querschnitt durch die Welt der Kataloge und Inserate von 70 Auto-Herstellern aus alle Welt.
288 Seiten, 341 Bilder, davon 54 in Farbe, 15 Zeichnungen
Bestell-Nr. 87212 **€ 16,–**

Walter Zeichner
VW Käfer und New Beetle seit 1938
Jetzt krabbeln sie gemeinsam, der Käfer und der New Beetle. Diese Motor-Chronik basiert auf Band 46, wurde aber erheblich erweitert und aktualisiert.
180 Seiten, 207 Bilder, dav. 38 in Farbe
Bestell-Nr. 87189 **€ 12,90**

Martin Roland
Ford Taunus 1948–1982
Buckeltaunus, Badewanne und 17/20-M.
96 Seiten, 120 Bilder
Bestell-Nr. 87231 **€ 12,–**

Halwart Schrader/Michael Peterka
SAAB · VOLVO
Zwei vergriffene Titel zusammengefasst.
192 Seiten, 259 Bilder, dav. 19 in Farbe
Bestell-Nr. 87228 **€ 12,90**

IHR VERLAG FÜR AUTO-BÜCHER

Postfach 10 37 43 · 70032 Stuttgart
Telefon (07 11) 2108065 · Fax (07 11) 2108070

Schrader Verlag

Stand Juli 2002
Änderungen in Preis und Lieferfähigkeit vorbehalten

Stern-Stunden

Werner Oswald
Mercedes-Benz Personenwagen Band 1
Band 1 dieser Modell-Parade führt von der Motorkutsche über die klassisch-schönen Sportwagen und die schweren Pullman-Limousinen bis zu den feldgrauen Kübelwagen der Wehrmacht.
424 Seiten, 916 Bilder, 74 Zeichn.
Bestell-Nr. 02167 **€ 26,–**

Werner Oswald
Mercedes-Benz Personenwagen Band 2
Vom Neubeginn nach 1945 mit Improvisationen auf Basis des bewährten 170 V bis zum 250 km/h schnellen 560 SEL des Jahres 1985 spannt sich der Bogen des zweiten Bandes.
232 Seiten, 325 Bilder, 33 Zeichn.
Bestell-Nr. 02168 **€ 26,–**

Günter Engelen
Mercedes-Benz SL 280–SL 600
Entstehung und Weg dieses Klassikers der Neuzeit: Historie, Technik, Versuchsträger, Reißbrett-Studien, Modellpflege, Serienfertigung.
252 Seiten, 344 Bilder, davon 176 in Farbe
Bestell-Nr. 01547 **€ 50,–**

Günter Engelen
Mercedes-Benz 280 SL–500 SLC
Das Buch bringt, nach einer gründlichen Modellpflege der Ausgabe 1991, das Wissen über Technik und Ausstattung des Pagoden-Nachfolgers auf den neuesten Stand.
392 Seiten, 357 Bilder, davon 21 in Farbe
Bestell-Nr. 01408 **€ 50,–**

Mike Riedner/Günter Engelen
Mercedes-Benz 300 SL
Der 300 SL schrieb Geschichte. Und das Buch über Flügeltürer & Co. erschien erstmals 1989. Dies ist die komplett überarbeitete Auflage.
288 Seiten, 383 Bilder, davon 54 in Farbe
Bestell-Nr. 01268 **€ 50,–**

Günter Engelen
Mercedes-Benz 190 SL–280 SL
Der 190 SL mit seinen barocken Formen und sein Nachfolger, die »Pagode« mit ihrem eigenwilligen Hardtop. Dieses Buch beschreibt die Entwicklung der beiden Roadster.
284 Seiten, 249 Bilder, davon 29 in Farbe
Bestell-Nr. 01367 **€ 46,–**

IHR VERLAG FÜR AUTO-BÜCHER

Postfach 10 37 43 · 70032 Stuttgart
Telefon (07 11) 210 80 65 · Fax (07 11) 210 80 70

Motor buch Verlag

Stand Juli 2002
Änderungen in Preis und Lieferfähigkeit vorbehalten